高等教育课程改革创新教材

Creo 4.0 机械设计

薛继军　鲍泽富　孙　文　主　编

科学出版社

北　京

内 容 简 介

本书详细讲述了 Creo 4.0 软件在机械设计中的应用及实战技巧,主要内容包括 Creo 4.0 概述、二维草图的绘制、零件设计、装配设计、工程图的创建、曲面设计、钣金设计。在内容安排上,为了使读者能更快地掌握 Creo 4.0 软件的技术精髓,书中结合大量的实例对软件的命令和功能进行了详细的解释,以范例的形式讲述了使用 Creo 4.0 软件进行产品设计的过程。

本书可作为高等院校机械设计类专业的教学用书,也可作为广大工程技术人员学习 Creo 软件的参考用书。

图书在版编目(CIP)数据

Creo 4.0 机械设计/薛继军,鲍泽富,孙文主编. —北京:科学出版社,2019.11
高等教育课程改革创新教材
ISBN 978-7-03-062640-0

Ⅰ. ①C⋯ Ⅱ. ①薛⋯ ②鲍⋯ ③孙⋯ Ⅲ. ①机械元件-计算机辅助设计-应用软件-高等学校-教材 Ⅳ. ①TH13-39

中国版本图书馆 CIP 数据核字（2019）第 228912 号

责任编辑:张振华 / 责任校对:陶丽荣
责任印制:吕春珉 / 封面设计:东方人华平面设计部

科学出版社 出版
北京东黄城根北街 16 号
邮政编码:100717
http://www.sciencep.com
铭浩彩色印装有限公司印刷

科学出版社发行 各地新华书店经销
*
2019 年 11 月第 一 版 开本:787×1092 1/16
2019 年 11 月第一次印刷 印张:13 1/4
字数:300 000
定价:36.00 元

(如有印装质量问题,我社负责调换〈铭浩〉)
销售部电话 010-62136230 编辑部电话 010-62135120-2005(VT03)

前　言

Creo 软件是美国 PTC 公司在 Pro/Engineer 版本的基础上，进行了大量的整合优化、功能集成，以及操作简化之后形成的一套功能完整、实用性强、设计操作容易上手的一款产品设计软件。该软件集成了 CAD、CAE 与 CAM 参数化建模的思想，是目前三维产品设计类软件中的优秀之作。Creo 软件以其自身的互操作性、简易性及开放性，在未来的设计领域必将不可替代。

本书精选了大量实例，以浅显易懂的语言、丰富的图示、清晰的操作步骤，由浅入深地讲述了使用 Creo 4.0 软件进行三维建模的操作技巧。读者只要跟随操作步骤完成每个实例的学习，就可以掌握 Creo 4.0 软件的技术精髓。

本书适合作为高等院校机械设计类相关专业的教学用书，也可作为广大工程技术人员学习 Creo 软件的参考用书。

本书有如下特点：

1）详略得当。在编写本书过程中，编者结合了计算机辅助设计的基本操作与主要功能，从概念到实践应用，将每种建模方法讲解给读者。

2）信息量大。本书内容全面、实例丰富，读者在学习的过程中可以由浅入深、循序渐进地学习并掌握机械三维建模。

3）结构清晰。本书单元导读部分明确地指出了学习目标，有助于读者抓住重点，明确自己的学习计划。内容部分引入大量的典型实例，实例讲解步骤清晰，符合读者的认知和学习规律。

本书由西安石油大学机械工程学院工业设计系及计算机辅助设计教学研究组组织编写，由薛继军、鲍泽富、孙文担任主编。其中，单元 1 由鲍泽富编写，单元 2～单元 5 由薛继军编写，单元 6 和单元 7 由孙文编写。王艳梅、赵均强、刘江、吕涛、冯骥驰、胡广珊、王冲、陈少成等人参与了图形绘制、书稿的整理和编排工作。

由于编者水平有限，加之编写时间仓促，书中难免有疏漏之处，恳请广大读者批评指正。

目　　录

1 单元

Creo 4.0 概述

>>>>>

◎ **单元导读**

随着计算机辅助设计（computer aided design，CAD）技术的快速发展，越来越多的工程设计师开始运用软件进行产品的开发与设计。Creo 作为一款优秀的三维产品建模软件，在机械产品设计、三维建模等方面表现出了独特的优势。其因操作简单、界面简洁、功能齐全，受到国内外工程设计师的普遍喜爱。

◎ **能力目标**

◆ 认识 Creo 4.0 的界面。

◆ 掌握 Creo 4.0 环境的设置过程。

◆ 掌握 Creo 4.0 工作目录的设置过程。

◆ 了解 Creo 4.0 的新功能。

◆ 通过讨论 Creo 4.0 与其他三维软件的优缺点，对 Creo 4.0 有更深的了解。

◎ **思政目标**

◆ 树立正确的学习观、价值观，自觉践行行业道德规范。

◆ 牢固树立质量第一、信誉第一的强烈意识。

◆ 遵规守纪，安全生产，爱护设备，钻研技术。

Creo 软件简述

Creo 是美国参数技术公司（简称 PTC）于 2010 年 10 月推出的 CAD 设计软件包。Creo 是整合了 PTC 公司的 Pro/Engineer 的参数化技术、CoCreate 的直接建模技术和 ProductView 的三维可视化技术的新型 CAD 设计软件包，是 PTC 公司"闪电计划"所推出的一款产品。

Creo 具备互操作性、开放性、易用性三大特点。在产品生命周期中，不同的用户对产品开发有着不同的需求。不同于其他解决方案，Creo 旨在消除 CAD 领域中迟迟未能解决的以下问题。

1）解决机械 CAD 领域中未解决的重大问题，包括基本的易用性、互操作性和装配管理。

2）采用全新的方法执行解决方案（建立在 PTC 的特有技术和资源上）。

3）提供一组可伸缩、可互操作、开放且易于使用的机械设计应用程序。

4）为设计过程中的每一名参与者适时提供合适的解决方案。

Creo 是一个可伸缩的套件，集成了多个可互操作的应用程序，功能覆盖整个产品开发领域。Creo 的产品设计应用程序使企业中的每个人都能使用最适合自己的工具，因此，他们可以全面参与产品的开发过程。除了 Creo Parametric 之外，还有多个独立的应用程序在二维和三维 CAD 建模、分析及可视化方面提供了新的功能。Creo 具有互操作性，可确保内部和外部团队之间轻松共享数据。表 1.1.1 是 Creo 主要的应用程序。

表 1.1.1　Creo 主要的应用程序

名称	应用程序	简介
Creo	Creo Parametric	使用强大、自适应的三维参数化建模技术创建三维设计
	Creo Simulate	可高效进行结构和热特性的仿真模拟分析
	Creo Direct	使用快速灵活的直接建模技术创建和编辑三维模型参数
Creo Sketch		快速创建二维手绘草图
Creo Layout		快速创建二维概念性工程设计方案
Creo View	CreoView MCAD	可视化机械 CAD 信息以便加快设计审阅速度
	CreoView ECAD	快速查看和分析 CAD 信息
Creo Schematics		创建管道和电缆系统设计的二维布线图
Creo illustrate		重复使用三维 CAD 数据生成丰富、交互式的三维技术图

Creo Parametric 是 PTC 核心产品 Pro/Engineer 的升级版本，是新一代 Creo 产品系列的参数化建模软件。其具有灵活的工作流程和友好的用户界面，允许用户直接建模，并提供特征处理和智能捕捉功能。使用几何预览功能，用户能在实施变更之前看到变更的效果。

此外，Creo Parametric 构建在用户熟悉的 Windows 界面的标准之上，用户可立即上手。

　　Creo Parametric 利用具有关联性的 CAD、CAM（computer aided manufacturing，计算机辅助制造）和 CAE（computer aided engineering，计算机辅助工程）应用程序，可在所有工程过程中创建无缝的数字化产品信息。此外，Creo Parametric 在多 CAD 环境中表现出色，并向下兼容早期 Pro/Engineer 版本的数据。

　　本书以 Creo Parametric 4.0（简称 Creo 4.0）为基础，主要对三维建模技术进行讲解。

Creo 4.0界面介绍

1.2.1　启动 Creo 4.0

　　下面介绍两种启动 Creo 4.0 并进入其工作环境的操作方法。

　　方法 1　双击 Windows 桌面上的 Creo 4.0 软件快捷方式图标▨。

　　方法 2　选择 "开始" → "所有程序" → "PTC" → "Creo Parametric 4.0 F000" 选项，如图 1.2.1 所示，即可进入 Creo 4.0 的工作环境。

图 1.2.1　选择 "Creo Parametric 4.0 F000" 选项

1.2.2　Creo 4.0 的界面

　　启动 Creo 4.0 并进入其主界面，如图 1.2.2 所示。其主界面主要有快速访问工具栏、标题栏、导航栏、消息区、功能区及网页栏。

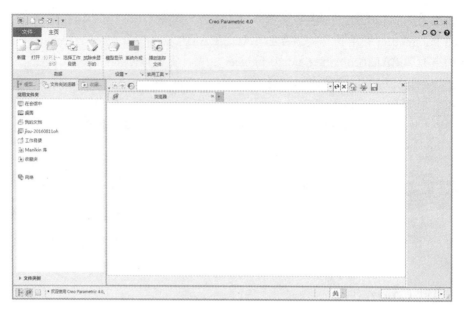

图 1.2.2　Creo 4.0 的主界面

在主界面中，选择"文件"选项卡，在"文件"选项卡中可进行文件的打开、保存及另存为等操作，并可对文件进行管理。选择"文件"→"选项"选项，在打开的"Creo Parametric 选项"对话框中可对 Creo 4.0 的用户界面进行自定义及常用的显示管理设置。

在主界面中单击"新建"按钮，打开"新建"对话框，如图 1.2.3 所示。该对话框的"类型"选项组中分别有"布局""草绘""零件""装配""制造""绘图""格式""记事本"选项，在右侧"子类型"选项组中可对左侧的选项进行细化。在"名称"文本框中，用户可对所创建的文件命名。Creo 4.0 之后版本的文件支持中文字符命名。

图 1.2.3　"新建"对话框

在"新建"对话框的"类型"选项组中选中"零件"单选按钮，然后单击"确定"按钮，进入三维零件建模环境，即用户界面，如图 1.2.4 所示。Creo 4.0 的用户界面包括快速访问工具栏、功能区、标题栏、视图工具、导航栏、图形区、消息区、智能选取栏。

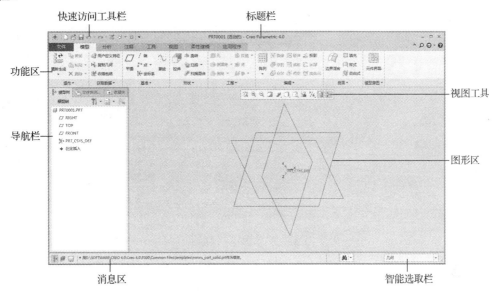

图 1.2.4   Creo 4.0 的用户界面

1．快速访问工具栏

快速访问工具栏包含软件窗口状态的调整、新建、保存、操作恢复或取消、重新生成、多零件时激活零件窗口等功能按钮，其为快速执行命令及设置工作环境提供了方便，用户也可以根据自己的使用习惯来定制快速访问工具栏。

2．功能区

功能区包含"文件""模型""分析""注释""工具""视图""柔性建模""应用程序"等选项卡中的大多数功能按钮。选择不同的选项卡可以进入不同的模块，其中的索引标签都不同，且都有各自的命令分组。

下面对功能区中的各选项卡进行介绍。

（1）"文件"选项卡

图 1.2.5 所示的"文件"选项卡包括"新建""打开""保存""另存为""关闭""退出""选项"等选项，可对文件进行新建、打开、保存、关闭等操作。

（2）"模型"选项卡

图 1.2.6 所示的"模型"选项卡包含 Creo 4.0 中的所有零件建模工具，主要有实体建模工具、曲面工具、基准特征工具、工程特征工具、特征的编辑工具及模型意图工具等。

图 1.2.5　"文件"下拉列表

图 1.2.6　"模型"选项卡

（3）"分析"选项卡

图 1.2.7 所示的"分析"选项卡包含的模型分析与检查工具，主要用于分析测量模型中的各种物理数据、检查各种几何元素及分析尺寸公差等。

图 1.2.7　"分析"选项卡

（4）"注释"选项卡

图 1.2.8 所示的"注释"选项卡包含的工具主要用于创建管理模型的注释，如在模型中添加尺寸注释、几何公差与基准等。

图 1.2.8　"注释"选项卡

（5）"工具"选项卡

图 1.2.9 所示的"工具"选项卡包含的建模辅助工具主要有模型播放器、参考查看器、查找工具、族表工具、参数工具、辅助应用程序等。

图 1.2.9　"工具"选项卡

（6）"视图"选项卡

图 1.2.10 所示的"视图"选项卡包含的工具主要用于设置管理模型的视图，如调整模型的显示效果、设置模型的显示方式、控制基准特征的显示与隐藏、管理文件窗口等。

图 1.2.10　"视图"选项卡

（7）"柔性建模"选项卡

图 1.2.11 所示的"柔性建模"选项卡包含的工具主要用于编辑模型中的各种实体和特征（包括无参数实体）。

图 1.2.11　"柔性建模"选项卡

（8）"应用程序"选项卡

图 1.2.12 所示的"应用程序"选项卡包含的工具主要用于切换到部分工程模块，如焊接设计、模具/铸造设计、分析设计等，以及对装配的实体进行运动仿真分析等。Creo 4.0 中的模型渲染也在此选项卡中，通过该工具可以赋予模型真实的材质，得到逼真的显示效果。

图 1.2.12　"应用程序"选项卡

3．标题栏

标题栏用于显示当前软件版本和活动模型文件的名称。

4．视图工具

视图工具可将图形显示各种状态的控制命令集中在视觉控制工具栏，并单独列出来，其使用方便且比 Pro/Engineer 5.0 更具人性化，如图 1.2.13 所示。

图 1.2.13　视觉控制工具栏

5．导航栏

导航栏有 3 个选项卡，即"模型树/层树"选项卡、"文件夹浏览器"选项卡、"收藏夹"选项卡。

（1）"模型树/层树"选项卡

这里把"模型树/层树"细分为"模型树"与"层树"，是操作比较频繁的工具之一，在模型复杂时可用它把多个特征做成组令，这样可使作图条理清晰，如塑料件的一个扣是由几个特征设计而成的，就可以把多个特征合成一个扣组。"模型树"是指显示构建设计模型的所有零件及特征，并以树的形式显示模型结构，根对象显示在模型树的顶端，从属对象位于根对象之下。"层树"是模型的基本元素统一分层，或某部分的分层。

（2）"文件夹浏览器"选项卡

此选项卡与 Windows 中的"资源管理器"功能类似，用于浏览文件。

（3）"收藏夹"选项卡

此选项卡的功能和普通浏览器的收藏功能相似，使用它能有效地组织和管理个人资源。

6．图形区

图形区是 Creo 4.0 中设计模型的显示区域。

7．消息区

该区域是在使用软件的过程中与用户进行信息交互或提示的区域，以引导用户的操作。消息区左侧的按钮可以实现打开或关闭导航栏选项卡、显示或关闭内部浏览器、切换全屏显示图形的功能。

8．智能选取栏

智能选取栏也称过滤器，其主要用来快速选取某类型的图素如几何、点、曲线等，特别是在图形特征较多时，使用智能选取栏进行选取能达到快且准的效果，提高效率。

Creo 4.0 环境设置

在 Creo 4.0 中，用户可以通过环境设置来设置系统颜色、模型显示、图元显示、草绘选项及一些专用的模块环境设计等，具体操作方法如下：

选择"文件"→"选项"选项，在打开的"Creo Parametric 选项"对话框中选择"环境"选项，即可进入环境设置界面，如图 1.3.1 所示。

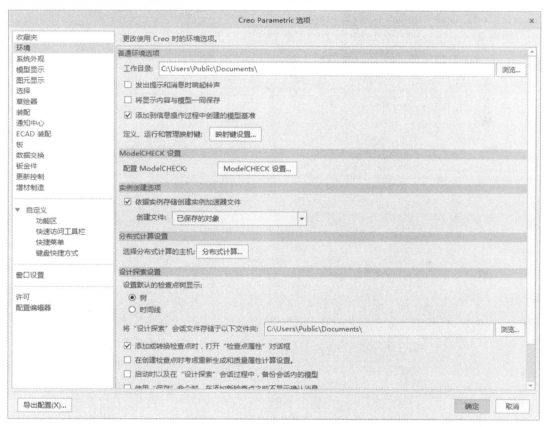

图 1.3.1　Creo 4.0 环境设置界面

在环境设置界面中改变设置，仅对当前进程产生影响。当再次启动 Creo 4.0 时，如果存在配置文件 config.pro，则由该配置文件定义环境设置，否则由系统默认定义环境设置。

Creo 4.0 工作目录

Creo 在运行的过程中将产生大量的文件保存于当前的目录中，且经常会从当前目录中自动打开文件。为了更好地管理 Creo 4.0 中大量的关联文件，应特别注意，在进入 Creo 4.0 软件以后，首先应进行工作目录的设置，其操作步骤如下：

步骤1 选择"文件"→"管理会话"→"选择工作目录"选项，或者直接单击"主页"选项卡中的"选择工作目录"按钮。

步骤2 在打开的如图 1.4.1 所示的"选择工作目录"对话框中，选择自己创建的用于保存 Creo 4.0 工作文件的路径，完成后单击"确定"按钮即可。

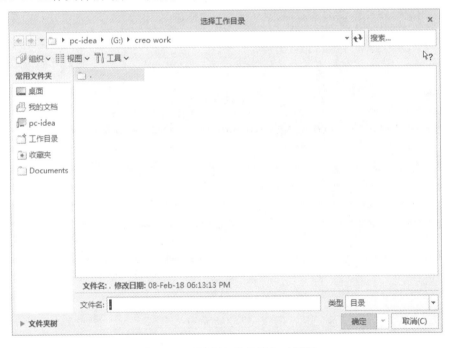

图 1.4.1 "选择工作目录"对话框

用户如果想要使 Creo 4.0 启动之后的起始工作目录都是自定义的文件路径，按照如下操作进行设置。

步骤1 右击桌面上的 Creo 4.0 软件快捷方式图标，在弹出的快捷菜单中选择"属性"选项。

步骤2 在打开的图 1.4.2 所示的"Creo Parametric 4.0 F000 属性"对话框中，选择"快捷方式"选项卡，在"起始位置"文本框中输入自定义的启动文件路径，然后单击"确定"按钮即可。

图 1.4.2　"Creo Parametric 4.0 F000 属性"对话框

设置好启动目录后，每次启动 Creo 4.0，系统都会自动在启动目录中生成一个名为"trail.txt"的文件，该文件记录从用户打开到关闭期间的所有操作。如果启动目录文件丢失，系统将会在桌面生成后台记录文件。

Creo 4.0 与之前版本相比，在很多地方进行了优化改进，操作更加符合实际应用要求，下面对 Creo 4.0 的常用新功能做简单的介绍。

1）Creo 4.0 之前的版本不支持中文字符命名。在 Creo 3.0 中，通过设置可以使用中文字符对文件进行命名，但这只是开发调试阶段。

2）在 Pro/Engineer 系列版本中最大的拔模斜度为 30°，而 Creo 系列版本将最大的拔模斜度由原来的 30° 更改至 89°。另外，Creo 4.0 增加了智能拔模功能，如图 1.5.1 所示，之前版本不能拔模的椭圆通过 Creo 4.0 智能拔模功能即可实现拔模设计，且不影响其他位置的尺寸。

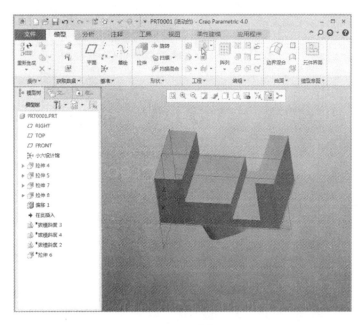

图 1.5.1　拔模

3）Creo 4.0 钣金设计模块新增了"柔性建模"的工具，如图 1.5.2 所示。在创建钣金件时，"柔性建模"工具被激活。此时用户不仅可以使用"形状"进行几何基础的选择，使用"几何搜索"工具应用规则，还可以使用"柔性建模"工具，如"移动""偏移""替代""删除""修改解析""镜像""高度""倒角""模式识别"等，轻松地执行"改变壁的高度""角度和轮廓""修改""移动""重复的构成""修改侧面""移除几何体上的特征""识别和修改陈列特征"等一系列操作。

图 1.5.2　钣金功能

4）Creo 4.0 拉伸工具优化了盲孔移动功能，在 Creo 4.0 之前的版本是没办法将盲孔移动越过基准平面的，优化之后，盲孔可以越过基准平面，如图 1.5.3 所示。

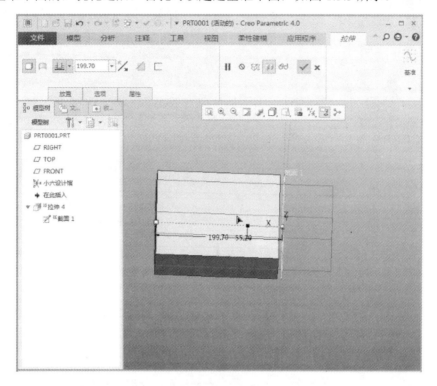

图 1.5.3　盲孔操作

2 单元

二维草图的绘制

>>>>

◎ **单元导读**

　　草图是与实体模型相关联的二维图形，是在某个指定平面上的二维几何元素的总称。绘制草图是创建实体模型的基础，也是最基本、最重要的设计步骤。

　　本单元主要介绍 Creo 4.0 中的草绘设置、二维草绘的基本环境、草绘图元、草绘编辑和几何约束等内容。

◎ **能力目标**

　　◆ 掌握绘制图形、草图编辑、几何约束的相关命令。

　　◆ 掌握 Creo 4.0 草绘尺寸的标注修改和检查方法。

　　◆ 熟练掌握进入草绘平面的方法、绘制草图的相关命令及草图的检查。

　　◆ 可根据二维图纸进行草图的绘制。

　　◆ 通过讨论草绘命令的使用方法和注意事项，掌握绘制草图的一般方法。

◎ **思政目标**

　　◆ 树立正确的学习观、价值观，自觉践行行业道德规范。

　　◆ 牢固树立质量第一、信誉第一的强烈意识。

　　◆ 遵规守纪，安全生产，爱护设备，钻研技术。

草　绘　环　境

草绘环境是 Creo 4.0 的一个独立模块,其中绘制的所有截面图形都具有参数化尺寸驱动特性。在草绘环境下,可以绘制特征的截面草图、轨迹线、基准曲线等图形。

1. 进入草绘环境

在 Creo 4.0 中,要进行截面二维草图的绘制,首先必须进入草绘工作界面,进入草绘环境主要有以下 3 种方法。

方法 1　在主界面的"主页"选项卡"数据"选项组中单击"新建"按钮,或者直接在快速访问工具栏中单击"新建"按钮。在打开的"新建"对话框中选中"类型"选项组中的"草绘"单选按钮,并指定文件名称,然后单击"确定"按钮,即可进入草绘环境,如图 2.1.1 所示。

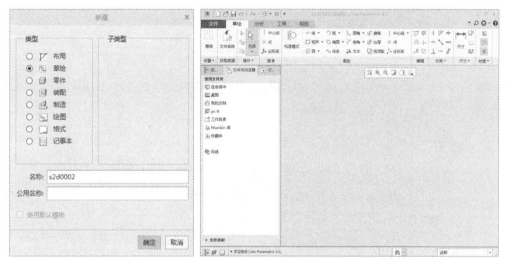

图 2.1.1　主页模式下进入草绘环境

方法 2　在"新建"对话框中选中"零件"或"装配"单选按钮,单击"确定"按钮,在零件或装配环境下,单击"模型"选项卡"基准"选项组中的"草绘"按钮,然后在打开的"草绘"对话框中指定草绘平面,并单击"草绘"按钮,即可进入草绘环境,如图 2.1.2 所示。

方法 3　通过特征建模按钮进入草绘环境,单击"模型"选项卡"形状"选项组中的"拉伸""旋转"及其他特征建模按钮,在弹出的控制面板中单击"放置"按钮,并在弹出的"放置"界面中单击"定义"按钮,系统将打开"草绘"对话框。在绘图区域中选取草绘平面和参考对象后,单击"草绘"按钮,即可进入草绘环境,如图 2.1.3 所示。

图 2.1.2　"草绘"对话框

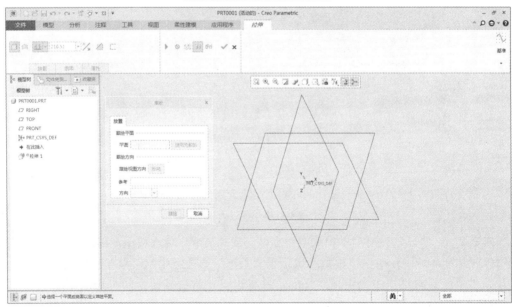

图 2.1.3　通过特征建模按钮进入草绘环境

2．草绘平面

草绘平面是绘制草图的基本界面。用户将实体的表面或截面定义为草绘平面，则所绘制的几何图元都位于该平面内。同时该平面提供了各种绘制工具，用户可以利用对应的功能选项卡中的按钮进行相关的操作，如图 2.1.4 所示。

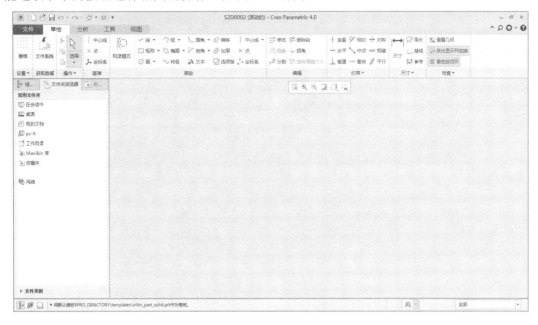

图 2.1.4　草绘平面

通过零件或装配模式进入草绘环境或通过特征建模按钮进入草绘环境时，系统都会打开如图 2.1.2 和图 2.1.3 所示的"草绘"对话框，在对话框中完成草绘平面、草绘方向、参考等参数的设置后，单击"草绘"按钮即可进入草绘平面。

"草绘"对话框中各选项含义的说明如下：

1）草绘平面：绘制实体剖面、截面轮廓时指定的平面，所绘制的草图曲线都在该平面内。

2）草绘视图方向：视图方向为用户查看草绘平面的观察方向。其中，草绘平面上箭头的方向为该用户视线指向草绘平面的方向。

3）参考：参考是确定草图位置和尺寸标注的依据。当指定草绘平面后，系统将自动寻找可以作为参考的对象。与草绘平面垂直的基准平面、模型表面、基准线和基准轴等都可以作为草绘参考的对象。

4）方向：通过选择该下拉列表中的 4 个选项，可以指定所参考对象相对于草绘方向的方位。

3．草绘的环境设置

草绘的环境设置即设置草绘界面参数，使用户可以更有效、更准确地绘制草图，从而满足工程设计的技术要求和设计者的使用习惯。

选择"文件"→"选项"选项，系统将打开"Creo Parametric 选项"对话框，选择左侧的"草绘器"选项，右侧将显示如图 2.1.5 所示的选项，此时可对相应的草绘环境进行设置。

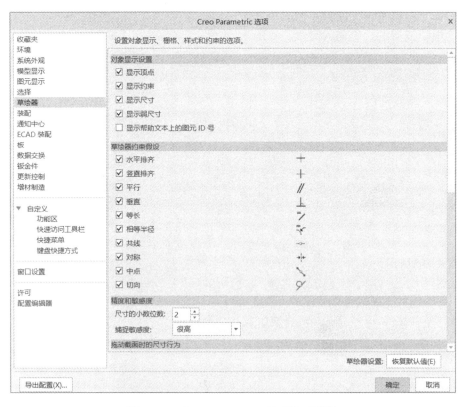

图 2.1.5 "Creo Parametric 选项"对话框

1）对象显示设置：该选项组为系统默认，用于控制草绘环境中的各种显示，选中相应的复选框，相应的功能就会显示。

2）草绘器约束假设：通过选中或取消选中相应的复选框，可以控制在绘制草图的过程中系统自动加入的一些约束类型。

3）精度和敏感度：该选项组用于对草绘环境中的一些重要参数进行设置。其中，最常用的就是设定尺寸的小数位数与求解时采用的相对精度。

4）拖动截面时的尺寸行为：该选项组的"锁定已修改的尺寸"选项是指锁定修改过的尺寸，防止在拖动几何图元时，已经修改过的尺寸发生改变。

5）草绘器栅格：该选项组用于对栅格的显示、角度、类型等进行设置。

6）图元线型和颜色：该选项组用于对截面图元的线型和颜色进行设置。

绘 制 图 形

绘制草图是指先绘制截面图形的大概二维轮廓，然后添加相应的约束条件，最后通过旋转、拉伸等操作生成与草图相关联的实体模型。绘制草图是创建实体模型的基础和关键。

2.2.1　绘制直线

线是构成几何图形的基本单元。在 Creo 4.0 中，可以绘制线、相切线和中心线。在草绘环境中，单击"草绘"选项卡"草绘"选项组中的"线"下拉按钮 〰 线 ▾，在弹出的下拉列表中包含线链、直线相切等选项，用户可根据需要选择相应的选项。

1. 绘制两点直线

两点直线是由起点到终点所定义的直线。当需要绘制水平或竖直的直线时，系统会自动添加相应的水平或竖直约束。在"线"下拉列表中选择"线链"选项，在绘图区先单击指定直线的起点，再单击指定直线的终点，然后单击鼠标中键以确认直线，最后再次单击鼠标中键即可完成直线的绘制，如图 2.2.1 所示。

2. 绘制相切直线

在"线"下拉列表中选择"直线相切"选项，可以在两个已知的图元之间绘制一条与两个图元相切的直线。具体操作如下：选择"直线相切"选项后，将鼠标指针移至一个图元上并单击，确定第一个切点；将鼠标指针移至另一个图元上，当与图元相切时，鼠标指针会自动依附在切点上，此时单击，确定第二个切点；然后单击鼠标中键，完成相切直线的操作。图 2.2.2 所示直线即为两图元的相切直线。

图 2.2.1　两点直线　　　　　　　　　　　图 2.2.2　相切直线

2.2.2　绘制矩形

在草绘环境中，单击"草绘"选项卡"草绘"选项组中的"矩形"下拉按钮 ▢ 矩形 ▾，在弹出的下拉列表中包含拐角矩形、斜矩形、中心矩形和平行四边形等 4 种绘制矩形的选项，用户可根据需要选择相应的选项。

1. 绘制拐角矩形

选择"矩形"下拉列表中的"拐角矩形"选项，在绘图区指定第一个点单击，使用同样的方法指定第二个点，然后单击鼠标中键确认即可完成拐角矩形的绘制，如图 2.2.3 所示。该工具可以绘制一般的水平或竖直矩形。

图 2.2.3　拐角矩形

2. 绘制斜矩形

选择"矩形"下拉列表中的"斜矩形"选项，在绘图区内依次指定两点来确定矩形的一条边，然后向一侧拖动鼠标至合适的位置单击即可完成斜矩形的绘制。利用该工具不仅可以绘制斜矩形，同时也可以绘制水平和竖直矩形，如图 2.2.4 所示。

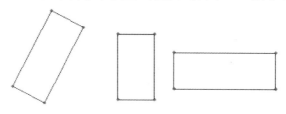

图 2.2.4　斜矩形

3．绘制中心矩形

选择"矩形"下拉列表中的"中心矩形"选项，在绘图区内选取一点作为所绘制矩形的中心点，然后拖动鼠标至合适的位置单击确定矩形的第二个点即可完成中心矩形的绘制，如图 2.2.5 所示。

4．绘制平行四边形

选择"矩形"下拉列表中的"平行四边形"选项，在绘图区内依次指定两点来确定平行四边形的一条边，然后向一侧拖动鼠标至合适的位置单击即可完成第二条边的绘制，如图 2.2.6 所示，使用该方法所绘制出的平行四边形可以自由定向。

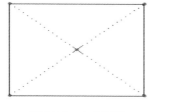
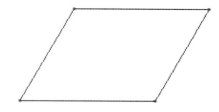

图 2.2.5　中心矩形　　　　　　　　　　　图 2.2.6　平行四边形

2.2.3　绘制圆

在创建轴类、圆环等具有圆形截面特征的实体建模时，往往需要先在草绘环境中绘制出具有截面特征的圆轮廓线，然后通过相应的拉伸、旋转等工具创建出实体。在 Creo 4.0 中，可以通过圆心和点、同心、3 点和 3 相切 4 种方法来绘制圆轮廓线。

1．通过圆心和点绘制圆

在草绘环境中，单击"草绘"选项卡"草绘"选项组中的"圆"下拉按钮，在弹出的下拉列表中选择"圆心和点"选项，在绘图区中选取一点作为所绘圆的圆心，然后拖动鼠标至所需圆的大小后单击即可完成圆的绘制，如图 2.2.7 所示。

2．绘制同心圆

该方法是通过选择参考圆并选择新圆上的一个点来创建同心圆的。具体操作如下：在草绘环境中，单击"草绘"选项卡"草绘"选项组中的"圆"下拉按钮，在弹出的下拉列表中选择"同心"选项，然后移动鼠标指针至绘图区中已有的圆上，在图元改变颜色后单击并拖动圆周至所需圆的大小后单击鼠标中键即可完成同心圆的绘制，如图 2.2.8 所示。

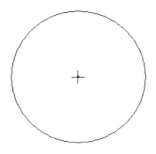

图 2.2.7　通过圆心和点绘制圆

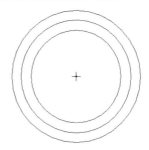

图 2.2.8　绘制同心圆

3．通过 3 点绘制圆

该方法是指通过圆上的 3 个点来绘制圆。在草绘环境中，单击"草绘"选项卡"草绘"选项组中的"圆"下拉按钮，在弹出的下拉列表中选择"3 点"选项，然后在绘图区内依次指定不在一条直线上的 3 个点，即可完成圆的绘制，如图 2.2.9 所示。

4．绘制 3 相切圆

该方法是指在绘图区内绘制一个与已有的 3 个图元均相切的圆。选取的切点位置不同，所绘制的相切圆的大小也不同。在草绘环境中，单击"草绘"选项卡"草绘"选项组中的"圆"下拉按钮，在弹出的下拉列表中选择"3 相切"选项，移动鼠标指针至绘图区内的已知图元上，当该图元颜色变化时单击；按照此方法依次选择第二个、第三个图元的相切点单击，然后单击鼠标中键即可完成 3 相切圆的绘制，如图 2.2.10 所示。

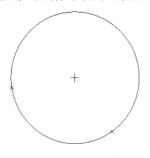

图 2.2.9　3 点绘制圆

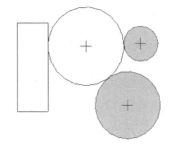

图 2.2.10　3 相切圆

2.2.4　绘制圆弧

在 Creo 4.0 中，绘制圆弧的方法包括 3 点/相切端、圆心和端点、3 相切、同心和圆锥等 5 种。在草绘环境中，单击"草绘"选项卡"草绘"选项组中的"弧"下拉按钮 ，弹出如图 2.2.11 所示的下拉列表。

"弧"下拉列表中的各选项的含义说明及操作如下：

图 2.2.11　"弧"下拉列表

1．绘制 3 点/相切端圆弧

该方法是指通过选取圆弧的两个端点和弧上的另一个点来绘制圆弧。要绘制一个相切圆弧，首先选取图元上的一个端点来确定切点，然后确定圆弧上另一个端点的位置。

在"弧"下拉列表中，选择"3 点/相切端"选项，在绘图区内依次选取圆弧的起始点、终点和圆弧上的一点，然后单击鼠标中键即可完成 3 点圆弧的绘制，如图 2.2.12 所示。选择"3 点/相切端"选项，在绘图区内选取直线、圆弧或样条曲线的一个端点作为所绘圆弧的起点，然后指定另一点作为圆弧的终点。拖动圆弧直至出现约束条件图标时单击，然后单击鼠标中键即可完成相切端圆弧的绘制，如图 2.2.13 所示。

图 2.2.12　3 点圆弧　　　　　　　　　图 2.2.13　相切端圆弧

2．绘制圆心和端点圆弧

该方法是指通过指定圆弧的中心点和两个端点来绘制圆弧。选择"圆心和端点"选项，在绘图区内选择一点作为圆弧的圆心，选取另一点作为圆弧的起点，拖动鼠标至所需圆的大小确定圆弧的终点单击，然后单击鼠标中键即可完成圆心和端点的圆弧绘制，如图 2.2.14 示。

3．绘制 3 相切圆弧

使用"3 相切"命令绘制的圆弧与指定的 3 条直线或弧线相切。选择"弧"下拉列表中的"3 相切"选项，移动鼠标指针至绘图区内的已知图元上，当图元颜色改变时单击；选取第二个图元，此时系统会自动依附在相切的第二个点上，单击即可；移动鼠标指针到第三个图元上，在切点处单击，然后单击鼠标中键即可完成 3 相切圆弧的绘制。此时切点处会出现相切约束条件图标，如图 2.2.15 所示。

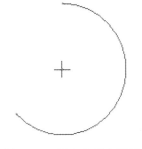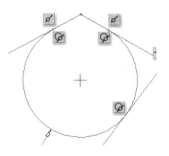

图 2.2.14　圆心和端点圆弧　　　　　　图 2.2.15　3 相切圆弧

4．绘制同心圆弧

该方法是指选取一条圆弧，利用其中心和指定的两个端点来绘制圆弧。选择"弧"下拉列表中的"同心"选项，移动鼠标指针至绘图区内的已有圆弧上，当图元颜色发生改变时单击。此时系统会在绘图区内显示一个虚构的圆，拖动鼠标至合适的位置单击，依次指定圆弧的起点和终点，最后单击鼠标中键即可完成同心圆弧的绘制，如图 2.2.16 所示。

5．绘制圆锥形圆弧

该方法是指通过选取两个端点，并用鼠标拖动圆弧来创建锥形弧。选择"弧"下拉列表中的"圆锥"选项，在绘图区内单击依次指定圆锥弧的起点和终点，拖动鼠标改变锥形弧的形状，至合适的位置单击，然后单击鼠标中键即可完成锥形弧的绘制，如图 2.2.17 所示。

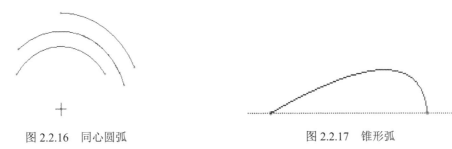

图 2.2.16   同心圆弧   图 2.2.17   锥形弧

2.2.5   绘制椭圆

利用"椭圆"工具可以绘制草图中的椭圆或椭圆弧。绘制椭圆的方法与利用"圆心和点"绘制圆的方法基本相同。

在草绘环境中，单击"草绘"选项卡"草绘"选项组中的"椭圆"下拉按钮 ⬭ 椭圆 ▼，在弹出的下拉列表中将会提供两种绘制椭圆的方法，分别为利用轴端点绘制椭圆、利用中心和轴绘制椭圆。

1．利用轴端点绘制椭圆

该方法是通过指定椭圆长轴端点来绘制椭圆。在草绘环境中，单击"草绘"选项卡"草绘"选项组中的"椭圆"下拉按钮，在弹出的下拉列表中选择"轴端点椭圆"选项，依次指定椭圆长轴的两个端点 A 和 B，拖动鼠标至合适的位置单击，确定椭圆的短半轴 C，单击鼠标中键即可完成椭圆的绘制，如图 2.2.18 所示。

2．利用中心和轴绘制椭圆

该方法是通过定义椭圆的中心点和长轴的一个端点来绘制椭圆。在草绘环境中，单击"草绘"选项卡"草绘"选项组中的"椭圆"下拉按钮，在弹出的下拉列表中选择"中心和轴椭圆"选项，在绘图区内选取椭圆的中心点 D 并单击；拖动鼠标至合适的位置单击，确定椭圆的长轴端点 E；拖动鼠标至合适的位置单击，确定椭圆的短轴端点 F，然后单击鼠标中键即可完成绘制，如图 2.2.19 所示。

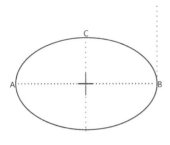

图 2.2.18　轴端点椭圆

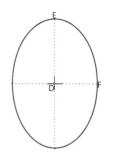

图 2.2.19　中心和轴椭圆

2.2.6　绘制样条曲线

样条曲线是通过指定曲线上的多个点来定位形成的光滑曲线。在草绘环境中，单击"草绘"选项卡"草绘"选项组中的"样条曲线"按钮 ～，然后在绘图区内依次单击来确定样条曲线的起点 1，中间点 2、3、4，以及终点 5，最后单击鼠标中键即可完成样条曲线的绘制，如图 2.2.20 所示。

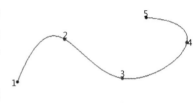

图 2.2.20　样条曲线

2.2.7　绘制圆角

在草绘环境中，要生成圆角，可以在功能区内单击"草绘"选项卡"草绘"选项组中的"圆角"下拉按钮 ，圆角 ▾，在弹出的下拉列表中选择相应选项。

圆角主要分为圆形和椭圆形两种样式，分别介绍如下：

1．圆形圆角

该工具是利用圆弧来连接两个图元的。单击"草绘"选项卡"草绘"选项组中的"圆角"下拉按钮，在弹出的下拉列表中选择"圆形"选项。然后在绘图区内根据系统提示，依次单击已知的两个图元或两条边，系统将自动为两个图元添加圆形的圆角，如图 2.2.21 所示。

2．椭圆形圆角

该工具是利用椭圆来连接两个图元的。单击"草绘"选项卡"草绘"选项组中的"圆角"按钮，在弹出的下拉列表中选择"椭圆形"选项。然后以同样的方法，在绘图区内依次单击选取两个已知的图元，系统会自动为其添加椭圆形的圆角，如图 2.2.22 所示。

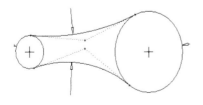

图 2.2.21　圆形圆角

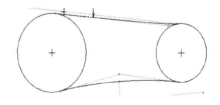

图 2.2.22　椭圆形圆角

2.2.8　点、中心线、坐标系

在功能区的"草绘"选项卡的"草绘"选项组中，系统还为我们提供了点、中心线和坐标系等工具。

1）点✕ 点：利用该工具可以在绘图区内绘制一个构造点。单击"草绘"选项卡"草绘"选项组中的"点"按钮，然后在绘图区内捕捉矩形的中心点单击，即可完成点的绘制，如图 2.2.23 所示。

2）坐标系 坐标系：利用该工具可以绘制一个构造坐标系。单击"草绘"选项卡"草绘"选项组中的"坐标系"按钮，然后在绘图区内捕捉矩形的中心点单击，即可完成坐标系的创建，如图 2.2.24 所示。

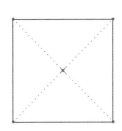

图 2.2.23　绘制点

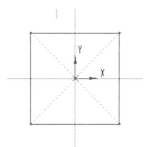

图 2.2.24　绘制坐标系

3）中心线 中心线 ▼：在 Creo 4.0 中给出了两点中心线、相切中心线的绘制方法。在草绘环境中，单击"草绘"选项卡"草绘"选项组中的"中心线"下拉按钮，在弹出的下拉列表中选择"中心线"选项，然后在已知图元上依次选取两点，即可完成两点中心线的绘制，如图 2.2.25 所示。单击"草绘"选项卡"草绘"选项组中的"中心线"下拉按钮，在弹出的下拉列表中选择"中心线相切"选项，然后在已知的两个图元上分别选取两个切点，即可完成相切中心线的绘制，如图 2.2.26 所示。

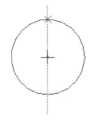

图 2.2.25　两点中心线

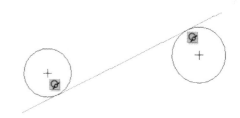

图 2.2.26　相切中心线

2.2.9　创建文本

在绘制比较复杂的工程图时，为了方便阅读人员对所绘制的图形的理解，我们在绘图时应当对草绘图元添加适当的文本标注。

在草绘环境中，单击"草绘"选项卡"草绘"选项组中的"文本"按钮 A，然后在绘图区内指定一条线段。该线段作为创建文本时的参考基准线，它反映了文字的高度、位置及放置的角度和方向。若参考线是从左到右进行绘制的，则创建出的文字是由上至下的，如图 2.2.27（a）所示；若参考线是从右到左进行绘制的，则创建出的文字是由下至上的，如图 2.2.27（b）所示；若参考线是从下到上进行绘制的，则创建出的文字为正立且是由左至右的，如图 2.2.27（c）所示；若参考线是从上到下进行绘制的，则创建出的文字为倒立且是由右至左的，如图 2.2.27（d）所示。

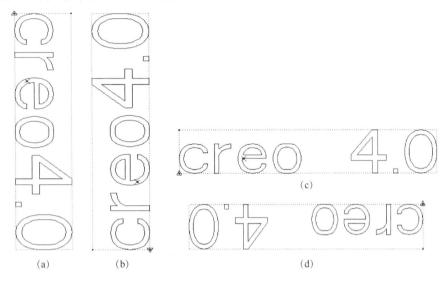

图 2.2.27　创建文本

创建文本的具体操作步骤如下：

步骤 1　在草绘中，单击"草绘"选项卡"草绘"选项组中的"文本"按钮。

步骤 2　在绘图区内的合适位置单击，然后竖直向上移动鼠标指针至适当的位置并单击，此时系统会打开如图 2.2.28 所示的"文本"对话框。可以在该对话框中进行相应的设置，如字体、位置、长宽比、斜角、间距等。

步骤 3　在"文本"对话框中的"文本"文本框中输入文字"cero 4.0"，单击"文本"文本框右侧的按钮，打开如图 2.2.29 所示的"文本符号"对话框。在输入文本时，可以从中选择相应的特殊字符。

图 2.2.28　"文本"对话框　　　　　　图 2.2.29　"文本符号"对话框

步骤 4 设置完成后，单击"文本"对话框中的"确定"按钮，再单击鼠标中键完成文本的创建。文本创建的效果如图 2.2.27（c）所示。

2.2.10 选项板

草绘器选项板提供了多边形、轮廓、形状、星形 4 种类型的图元，用户可根据需要进行选择。下面以快速插入五边形为例进行说明。

步骤 1 在草绘环境中，单击"草绘"选项卡"草绘"选项组中的"选项板"按钮，打开如图 2.2.30 所示的"草绘器选项板"对话框。

步骤 2 选择"多边形"选项卡中的"五边形"选项，五边形就会在对话框上方的窗口显示，如图 2.2.30 所示。

步骤 3 双击"五边形"选项，在绘图区内合适的位置单击插入，然后将图形调整至合适大小，如图 2.2.31 所示。

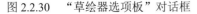

图 2.2.30 "草绘器选项板"对话框

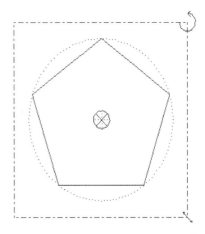

图 2.2.31 五边形

单击并拖动虚线框右下角的箭头，可调整五边形的大小；单击并拖动虚线框右上角的旋转箭头，可调整五边形的放置角度；单击并拖动虚线框的中心点，可对五边形进行移动。

步骤 4 调整完毕后，单击鼠标中键，完成操作。

2.2.11 偏移草绘

偏移草绘是指通过对现有的草绘图元的边或图元进行偏移来绘制新的草绘图元。偏移草绘的一般操作步骤如下：

步骤 1 打开原始图元文件，如图 2.2.32 所示。

步骤 2 单击"草绘"选项卡中"草绘"选项组中的"偏移"按钮，打开如图 2.2.33 所示的"类型"对话框，然后选中对话框中的"单一"、"链"或"环"单选按钮即可。下面通过偏移"环"来介绍具体的操作。

步骤 3 选中"类型"对话框中的"环"单选按钮，单击"关闭"按钮。然后在绘图区内选取图 2.2.32 所示的图元。

步骤 4 在弹出的"于箭头方向输入偏移 [退出]"文本框中，输入需要的偏移值 1（负数表示移动的方向与箭头的指示方向相反），然后单击按钮 ✓，完成偏移草绘的操作，如图 2.2.34 所示。

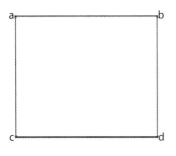
图 2.2.32 原始图元 1

图 2.2.33 "类型"对话框

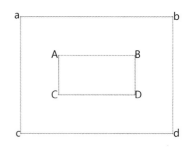
图 2.2.34 偏移后的草图

2.2.12 加厚草绘

加厚草绘是指通过在两侧偏移边或草绘图元来创建图元。加厚草绘的具体操作步骤如下：

步骤 1 打开原始图元文件，如图 2.2.35 所示。

步骤 2 单击"草绘"选项卡"草绘"选项组中的"加厚"按钮 ⬚，打开如图 2.2.36 所示的"类型"对话框，选中对话框中的"单一"、"链"或"环"单选按钮可进行加厚边的绘制，选中"开放"、"平整"或"圆形"单选按钮可对端封闭类型进行选择。下面通过加厚"链"，采用"圆形"端封闭来介绍具体的操作。

图 2.2.35 原始图元 2　　　　图 2.2.36 "类型"对话框 2

步骤 3 选中"类型"对话框中的"链"单选按钮，并选中"圆形"单选按钮，单击"关闭"按钮，在绘图区内选取如图 2.2.35 所示的线链。

步骤 4 在弹出的"输入厚度 [-退出-]"文本框中，输入需要的加厚值 2，单击 ✓ 按钮。

步骤 5　在弹出的"于箭头方向输入偏移［退出］"文本框中，输入需要的偏移值 2（输入负数表示移动的方向与箭头的指示方向相反），单击 ✓ 按钮，即可完成加厚草绘的操作，如图 2.2.37 所示。

图 2.2.37　加厚后的草图

编　辑　草　图

在二维草绘过程中，仅仅通过前面介绍的方法来绘制图形是很难满足设计要求的，往往还需要利用编辑工具进行编辑和修改才能达到所需的各种效果。Creo 4.0 二维草图的编辑主要包括修改、删除段、镜像、拐角、分割、旋转调整大小等工具。

1．修改

修改工具是草图编辑中最常使用的工具，可用于对草绘图素的尺寸值、样条或文本图元进行修改。下面以修改矩形的尺寸为例，介绍有关修改的操作。

步骤 1　打开原始图形文件，如图 2.3.1 所示，选择需要修改的图形尺寸，将鼠标指针移动至需要修改尺寸的边上，当颜色改变时，单击选定该边。

步骤 2　单击"草绘"选项卡"编辑"选项组中的"修改"按钮，打开如图 2.3.2 所示的"修改尺寸"对话框。

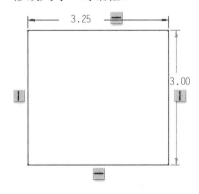

图 2.3.1　原始图元 3

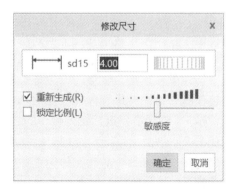

图 2.3.2　"修改尺寸"对话框

步骤 3 在"修改尺寸"对话框中输入尺寸，按 Enter 键或单击"确定"按钮，结果如图 2.3.3 所示。或者双击需要修改尺寸的图元，在弹出的输入框中输入尺寸，如图 2.3.4 所示，然后按 Enter 键。

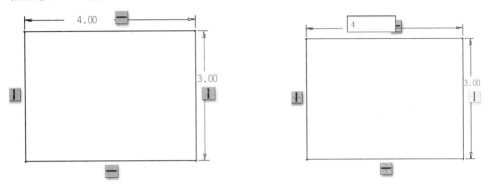

图 2.3.3　修改后的尺寸　　　　　　　　　　图 2.3.4　双击修改尺寸

2．删除段

删除段工具是草图编辑中最常用的工具，可用于将图元的多余部分删除。

在打开的已知图元（图 2.3.5）中，单击"草绘"选项卡"编辑"选项组中的"删除段"按钮 ，然后按住鼠标左键并拖动鼠标划过需要删除的图元部分。释放鼠标左键后，被划过的图元将以与其他图元的交点为边界点自动删除，效果如图 2.3.6 所示。

图 2.3.5　原始图元 4　　　　　　　　　　图 2.3.6　修改后的图元

3．镜像

镜像工具用于生成已知图元的对称部分。当绘制的草图图元为对称图元时，只需要绘制出图元的一部分，然后通过镜像操作即可创建出图元的另一部分。值得注意的是，只有选取了镜像的图形后，镜像命令才能被激活，且在进行镜像操作前，应先绘制一条中心线作为镜像线。对图元进行镜像操作的具体步骤如下：

步骤 1 打开需要进行镜像操作的已知图元文件。

步骤 2 单击"草绘"选项卡"草绘"选项组中的"中心线"按钮，然后在绘图区内的合适位置绘制一条中心线，如图 2.3.7 所示。

步骤 3 按住鼠标左键并拖动鼠标，框选需要进行镜像的图元，然后单击"草绘"选项卡"编辑"选项组中的"镜像"按钮 ，并选取镜像中心线，系统会自动复制出所选的图元，效果如图 2.3.8 所示。

图 2.3.7 绘制中心线

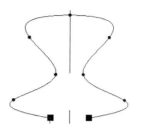

图 2.3.8 镜像后的图元

4．拐角

拐角工具用于图元修剪（剪切）或将图元延伸到其他图元或几何。利用该工具可以同时将两个图元交错的部分删除；如果两个图元之间没有相交，可将两个图元延伸至相交。

对图元进行拐角操作的具体步骤如下：

步骤1 打开已知的图形文件，如图 2.3.9 所示。

步骤2 单击"草绘"选项卡"编辑"选项组中的"拐角"按钮，依次单击选择需要进行修剪的草图图元，然后单击鼠标中键即可完成操作。值得注意的是，进行边界修剪操作时，所选取的对象是要保留的部分，单击"拐角"按钮后，系统会自动保留选取的部分。如图 2.3.9 所示，单击选择线段 CD 和线段 CE，单击鼠标中键，系统会自动保留选中部分，效果如图 2.3.10 所示。单击"拐角"按钮，单击选择线段 AC 和线段 BC，然后单击鼠标中键，效果如图 2.3.11 所示。

步骤3 单击"草绘"选项卡"编辑"选项组中的"拐角"按钮，依次选择需要进行延长的草图图元，如选择图 2.3.9 中的线段 CD 和线段 EF，然后单击鼠标中键即可完成操作，效果如图 2.3.12 所示。

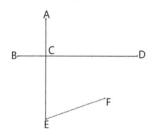

图 2.3.9 原始图元 5

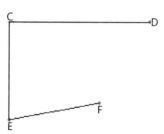

图 2.3.10 修改后的效果

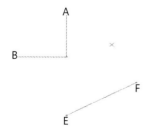

图 2.3.11 修剪后的效果

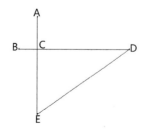

图 2.3.12 延长后的效果

5．分割

利用分割工具可以将图元在指定的交点处一分为二。其中，图元上指定的点即为分割点。对图元进行分割操作的具体步骤如下：

步骤1 打开需要进行分割操作的草绘图元，如图 2.3.13 所示。

步骤2 单击"草绘"选项卡"编辑"选项组中的"分割"按钮 ，在图元上选取分割点，然后单击鼠标中键即可完成分割操作，分割效果如图 2.3.14 所示。图中 A、B、C 即为分割点。

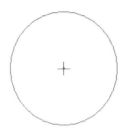

图 2.3.13　原始图元 6

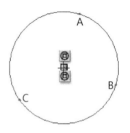

图 2.3.14　分割效果图

6．旋转调整大小

旋转调整大小工具用于对所选图元进行平移、旋转和缩放操作。对图元进行相关操作的具体步骤如下：

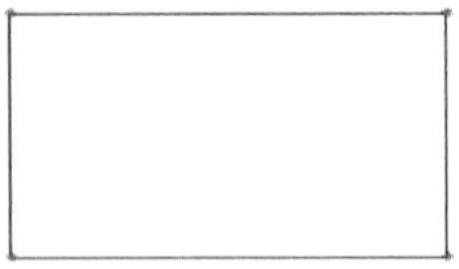

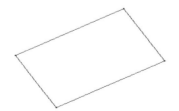

图 2.3.15　原始图元 7

步骤1 打开需要进行旋转调整大小操作的图元，如图 2.3.15 所示。

步骤2 在草绘环境中，按住鼠标左键并拖动鼠标，框选需要进行修改的图元，然后释放鼠标左键。此时"旋转调整大小"命令被激活。

步骤3 单击"草绘"选项卡"编辑"选项组中的"旋转调整大小"按钮 ，此时功能区自动出现如图 2.3.16 所示的"旋转调整大小"选项卡。在该选项卡的角度文本框 中输入需要旋转的角度，如 30°，在"比例因子" 文本框中输入需要的比例因子，如 1.5。同时还可以对其水平尺寸和竖直尺寸进行修改，设置完成后单击 按钮，即可完成旋转调整大小的操作，效果如图 2.3.17 所示。

图 2.3.16　"旋转调整大小"选项卡

图 2.3.17　旋转调整后的效果

几 何 约 束

在绘制草图时，为了提高绘图的效率和精度，经常会用到几何约束，如平行、垂直、相等、对称等。用户通过这些约束可以对几何图元进行定位或控制图元的几何形状。

1．几何约束的种类

在 Creo 4.0 的"草绘"选项卡"约束"选项组中，系统提供了 9 种不同的几何约束类型。用户可以根据不同的需求，单击相应的按钮对几何图元进行约束。表 2.4.1 是各种约束类型的符号名称及其含义。

表 2.4.1 各种约束类型的符号名称及其含义

符号名称	含 义	符号名称	含 义
竖直 十	使线或两点的连线处于竖直状态	相切 ⌒	使两个图元相切
重合 →	使两点重合或使点在直线上	水平 +	使线或两顶点水平
相等 ═	创建等长、等半径的约束	垂直 ⊥	使两条线段垂直
平行 ∥	使两条直线平行	中点 ＼	将点定义在线中间
对称 ⊣⊢	使两个图元关于中心线对称	—	—

2．添加几何约束

在 Creo 4.0 中添加约束的方法，主要有自动添加约束和手动添加约束两种。

（1）自动添加约束

自动添加约束是指在进行草图绘制时，系统自动添加的几何约束。选择"文件"→"选项"选项，系统将打开"Creo Parametric 选项"对话框，选择左侧的"草绘器"选项，将在右侧显示如图 2.1.5 所示的"草绘器约束假设"选项组。在"草绘器约束假设"选项组中，通过启用或禁用相应的复选框即可完成自动约束的设置。启动自动约束后，在进行图元草绘时系统将自动添加相应的约束。

（2）手动添加约束

手动添加约束是在绘图时根据自己的需要，通过相应的操作来添加的几何约束条件。手动添加约束的类型很多，但添加方法大致相似。现就以添加垂直约束和对称约束为例来讲解手动添加约束的具体操作方法。

步骤 1 打开原始图元文件，如图 2.4.1 所示。

步骤 2 在草绘环境中，单击"草绘"选项卡"约束"选项组中的"垂直"按钮⊥，然后单击图元中的两条直线，即可完成添加垂直约束的操作，效果如图 2.4.2 所示。

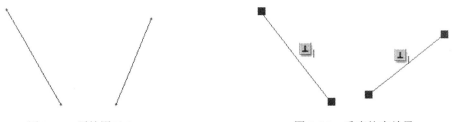

图 2.4.1　原始图元 8　　　　　　　　　　　图 2.4.2　垂直约束效果

步骤 3　在草绘环境中，单击"草绘"选项卡"草绘"选项组中的"中心线"按钮，然后在两个图元之间绘制一条中心线，如图 2.4.3 所示。单击"草绘"选项卡"约束"选项组中的"对称"按钮 ⊹，然后单击图元中的 A、B 两点，即可完成添加对称约束的操作，效果如图 2.4.4 所示。

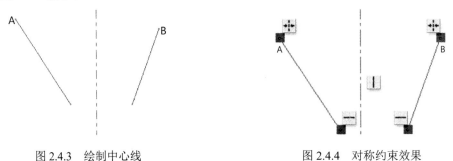

图 2.4.3　绘制中心线　　　　　　　　　　　图 2.4.4　对称约束效果

3．删除约束

在绘图过程中，往往会有多重约束和不需要的约束条件，此时用户就要进行相应的删除。删除约束的具体操作如下：

步骤 1　在草绘环境中，打开需要进行修改的草绘图元，如图 2.4.4 所示。

步骤 2　选择需要删除的约束条件，如选择图 2.4.4 中的 A 点，长按鼠标右键，弹出如图 2.4.5 所示快捷菜单。

步骤 3　在弹出的快捷菜单中选择"删除"选项，即可删除相应的约束。删除相应的约束后，系统会自动添加一个参照尺寸，用于保留图元的可修改状态，如图 2.4.6 所示。

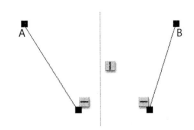

图 2.4.5　快捷菜单　　　　　　　　　　　图 2.4.6　删除约束后的效果

　　除了可以删除某些约束外，还可以在绘制草图时通过禁用约束来减少约束条件。在绘制草图的过程中，当出现当前自动设定的几何约束时，右击即可选定，再次右击即可禁用该约束。

2.5 标注和修改尺寸

　　在绘制的二维图中，尺寸是图形的重要组成部分之一。尺寸标注的原理就是根据尺寸的数值来确定模型的大小和形状。当草图图形绘制好后，尺寸标注就会自动产生。这些由系统自动建立的尺寸标注通常称为弱尺寸。这些尺寸有时并不能完全符合用户的要求，这时就需要用户手动修改相应的尺寸标注（包括移动或删除尺寸文本、控制尺寸显示和修改尺寸值），从而设计出达到设计要求的二维草图。

2.5.1　标注尺寸

1．长度标注

　　标注长度尺寸主要是标注直线长度、两条平行线之间的距离、点与直线之间的距离及两点之间的距离。这些标注的方法大致相同，现以对直线长度和两平行线之间的距离进行标注为例说明长度标注的具体操作步骤。

　　步骤1　在草绘环境中，打开如图 2.5.1 所示的图元文件。

　　步骤2　单击"草绘"选项卡"尺寸"选项组中的"尺寸"按钮↦，单击直线 AB，移动鼠标指针至适当的位置单击鼠标中键，然后在空白处单击，即可完成直线长度的标注。

　　步骤3　单击直线 AB 和直线 CD，移动鼠标指针至合适的位置单击鼠标中键，然后在空白处单击即可完成两平行线之间的距离标注，效果如图 2.5.2 所示。

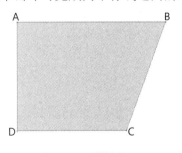

图 2.5.1　原始图元 9

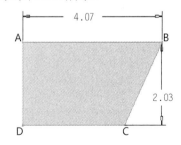

图 2.5.2　长度标注效果

2．半径和直径标注

　　在二维草绘中，半径的标注一般用来确定圆、圆弧和圆角的大小。一般圆和大于 180°的圆弧要标注直径尺寸。直径和半径的标注方法基本相同，现就以直径的标注为例说明直径标注的具体操作步骤。

步骤1 打开如图 2.5.3 所示的图元文件，在草绘环境中，单击"草绘"选项卡"尺寸"选项组中的"尺寸"按钮。

步骤2 双击圆，移动鼠标指针至合适的位置单击鼠标中键，然后在空白处单击即可完成直径的标注，效果如图 2.5.4 所示。

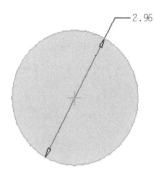

图 2.5.3　原始图元 10　　　　　　　　图 2.5.4　直径标注效果

步骤3 标注圆、圆弧的半径尺寸，只需要单击圆、圆弧即可，其他操作步骤与直径的标注基本相同，这里不再赘述。

3．角度标注

角度的标注可以标注两直线之间的夹角，同时也可以标注圆弧的圆心角。具体操作步骤如下：

步骤1 打开图元文件，在草绘环境中，单击"草绘"选项卡"尺寸"选项组中的"尺寸"按钮。

步骤2 单击两条非平行直线，并在两直线需标注的角度一侧合适的位置单击鼠标中键，然后在空白处单击，即可完成角度的标注，效果如图 2.5.5 所示。

步骤3 打开图元文件，在草绘环境中，单击"草绘"选项卡"尺寸"选项组中的"尺寸"按钮。

步骤4 单击圆弧的两个端点，并选取圆弧的轮廓线，在圆弧外侧合适的位置单击鼠标中键，然后在空白处单击，即可完成圆心角的标注，效果如图 2.5.6 所示。

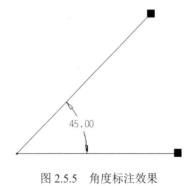

图 2.5.5　角度标注效果　　　　　　　　图 2.5.6　圆心角标注效果

4．椭圆尺寸标注

标注椭圆的尺寸，只需要标注椭圆的长轴及短轴方向的半径尺寸即可。椭圆尺寸标注的具体操作步骤如下：

步骤1　打开图元文件，在草绘环境中，单击"草绘"选项卡"尺寸"选项组中的"尺寸"按钮。

步骤2　选中绘图区内的椭圆，单击鼠标中键，打开如图2.5.7所示的"椭圆半径"对话框。

步骤3　选中对话框中的"长轴"单选按钮，单击"接受"按钮，然后在空白处单击，即可完成对椭圆长轴的标注。

步骤4　选中对话框中的"短轴"单选按钮，单击"接受"按钮，然后在空白处单击，即可完成对椭圆短轴的标注，效果如图2.5.8所示。

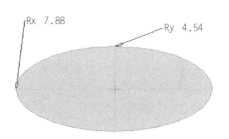

图2.5.7　椭圆半径对话框　　　　　　图2.5.8　尺寸标注效果

步骤5　在绘图区内单击鼠标中键，取消执行标注操作，将鼠标指针移动至椭圆半径的标注上面，按住鼠标左键并拖动鼠标，即可将尺寸值移动至合适的位置。

5．其他尺寸标注

除了以上介绍的几种常见的尺寸标注外，Creo 4.0 还提供了周长尺寸标注、基线尺寸标注、参考尺寸标注等其他特殊尺寸的标注方法。

（1）周长尺寸标注

周长尺寸是草图中链或环的总长度尺寸。在标注周长尺寸时，必须指定一个被驱动的单边长度尺寸。这样在更改周长尺寸时，才能保证该边尺寸变化而其他边尺寸保持不变。周长尺寸标注的具体操作方法如下：

步骤1　打开如图2.5.9所示的原始图元文件。

步骤2　按 Ctrl+鼠标左键选取（或用鼠标左键框选）要标注的图元的四条边，单击"草绘"选项卡"尺寸"选项组中的"周长"按钮，然后在绘图区内选择一个单边（如图2.5.9中的水平直线）作为参考基准，系统会自动创建周长尺寸，效果如图2.5.10所示。

步骤3　在工作窗口的空白处单击鼠标中键，选择周长标注数值，按住鼠标左键并拖动鼠标，即可将周长尺寸标注移至合适的位置。

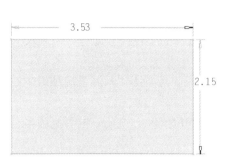
图 2.5.9　原始图元 11

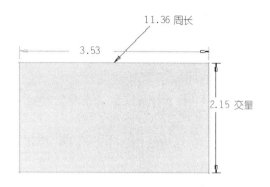
图 2.5.10　周长标注

（2）基线尺寸标注

当绘制的草图具有统一的基准线时，为保证草图的精度及增加标注的清晰度，可以利用基线标注命令指定基准图的零坐标，然后添加其他图的相对于基准之间的尺寸标注。基线尺寸标注的具体操作步骤如下：

步骤1　打开如图 2.5.11 所示的原始图元文件。

步骤2　单击"草绘"选项卡"尺寸"选项组中的"基线"按钮，然后选择图元的一条边，单击鼠标中键。

步骤3　在草绘环境中，单击"草绘"选项卡"尺寸"选项组中的"尺寸"按钮，选择已经指定的基线，再选择图元中的圆心，单击鼠标中键，即可完成基线尺寸的标注，效果如图 2.5.12 所示。

图 2.5.11　原始图元 12

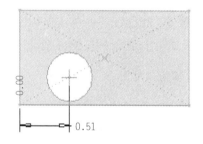
图 2.5.12　基线标注

（3）参考尺寸标注

参考尺寸的标注是基本标注外的附加标注，主要作为参考。标注完后的尺寸值后面都有"参考"字样。参考尺寸标注的具体操作步骤如下：

步骤1　打开原始图元文件。

步骤2　在草绘环境中，单击"草绘"选项卡"尺寸"选项组中的"参考"按钮，然后选择图元中的水平直线，在合适的位置单击鼠标中键，即可完成参考尺寸的标注。

步骤3　当标注图元尺寸与其他尺寸发生冲突时，也可将冲突尺寸转化为参考尺寸。当标注竖直尺寸时，单击"参考"按钮，打开如图 2.5.13 所示的"解决草绘"对话框，单击"尺寸>参考"按钮，系统即可将该尺寸转化为参考尺寸，效果如图 2.5.14 所示。

图 2.5.13　"解决草绘"对话框

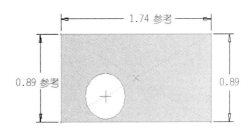

图 2.5.14　参考标注

2.5.2　修改尺寸

绘制完草图后，其尺寸的大小往往很难一次性满足设计的要求。这时就需要我们对尺寸值进行相应的修改，从而使最终绘制的草图满足设计的要求。通常修改尺寸的方法有直接修改和通过修改尺寸按钮修改两种。修改尺寸的具体操作方法如下：

步骤 1　打开原始图元文件，如图 2.5.15 所示。

步骤 2　双击水平尺寸值，在弹出的文本框中输入新的尺寸值，按 Enter 键，即可完成尺寸的修改，效果如图 2.5.16 所示。当修改某一个尺寸值后，该尺寸约束所驱动的草图对象也将发生相应的变化。

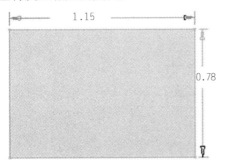

图 2.5.15　原始图元 13

图 2.5.16　修改尺寸后的效果

此外，还可以利用"修改"按钮，完成对图中尺寸的修改，具体的操作方法参见 2.3 节。

2.5.3　加强与锁定尺寸

对于截面中的弱尺寸，用户可以进行选择性的加强，修改弱尺寸值后尺寸将会自动变成加强尺寸。加强尺寸的具体操作方法如下：

步骤 1　打开原始图元文件，如图 2.5.17 所示。

步骤 2　在草绘环境中，选择需要加强的尺寸，单击"草绘"选项卡"操作"选项组中的"操作"下拉按钮，在弹出的如图 2.5.18 所示的下拉列表中选择"转换为"→"强"选项，如图 2.5.19 所示。然后单击鼠标中键，即可完成该操作，效果如图 2.5.20 所示。

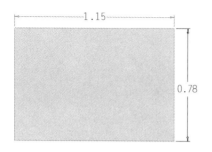

图 2.5.17　原始图元 14

图 2.5.18　"操作"下拉列表

图 2.5.19　"转换为"子菜单

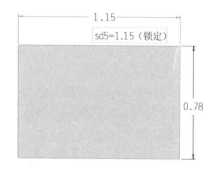

图 2.5.20　尺寸加强与锁定效果图

　　在绘制草图的过程中，当图形的结构比较复杂时，拖动图元或图元的顶点会导致图元截面的修改。此时就可以启用"锁定"按钮对其尺寸进行锁定，以防在拖动时其尺寸发生改变。锁定尺寸的具体操作步骤如下：

　　步骤 1　打开原始图元文件，如图 2.5.17 所示。

　　步骤 2　单击选择需要锁定的尺寸，在弹出的工具栏中，单击"切换锁定"按钮 🔒，然后单击鼠标中键，即可完成锁定尺寸的操作，效果如图 2.5.20 所示。锁定功能通过单击一次"切换锁定"按钮即可实现，其效果是任意拖动图形锁定的尺寸都不变。

检 查 草 图

　　Creo 4.0 为用户提供了检查草图的功能，方便用户在绘制草图的过程中及时地检查草图的绘制是否正确。系统可对图元的封闭区域、开放区域、重叠区域等方面进行检查，也可检查图元是否符合相应的特征要求。

　　1. 重叠几何

　　"重叠几何"命令用于检查图元中所有相互重叠的几何图形（端点重合除外），并将其加亮显示。快速查找重叠几何图形的操作步骤如下：

步骤1　打开原始图元文件。

步骤2　在草绘环境中，单击"草绘"选项卡"检查"选项组中的"重叠几何"按钮，系统会自动加亮图 2.6.1 中所示的线段 AB。

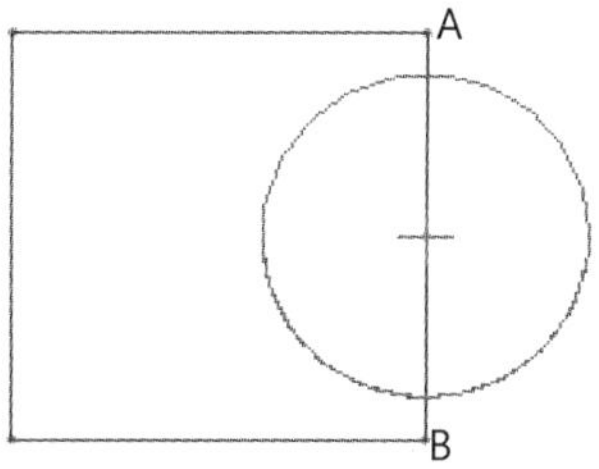

2．突出显示开放端

在进行实体造型时，常需要使用封闭的轮廓曲线作为实体造型的支持草图。在绘制的草图曲线中，由于个别位置的间隙极小，肉眼不易观察到草图曲线的闭合情况，因此 Creo 4.0 的草绘环境提供了快速显示草图曲线开放点的工具——突出显示开放端。显示开放端的具体操作步骤如下：

步骤1　打开原始图元文件。

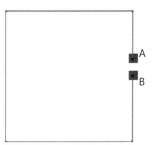

图 2.6.1　加亮重叠部分

步骤2　在草绘环境中，单击"草绘"选项卡"检查"选项组中的"突出显示开放端"按钮，系统会自动加亮并以红色显示开放端，如图 2.6.2 所示的端点 AB。再次单击"突出显示开放端"按钮，退出开放端点的检查。

3．着色封闭环

在草绘环境中，针对封闭的轮廓曲线，可通过着色封闭环的方式将其显示在图形窗口中。单击"着色封闭环"按钮，系统会以预定义的颜色对图元中封闭的区域进行填充，非闭环的区域图元无变化。着色封闭环的具体操作步骤如下：

图 2.6.2　突出显示开放端

步骤1　打开如图 2.6.3 所示的原始图元文件。

步骤2　在草绘环境中，单击"草绘"选项卡"检查"选项组中的"着色封闭环"按钮，系统会自动以预定义的颜色填充封闭的图元，如图 2.6.4 中所示的封闭元。再次单击"着色封闭环"按钮，退出封闭环的检查。

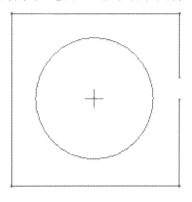

图 2.6.3　着色封闭环前

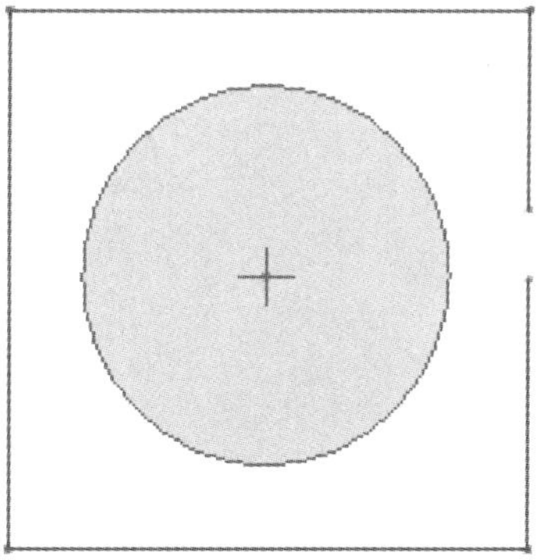

图 2.6.4　着色封闭环后

4．特征要求

系统可对已经绘制的草图曲线进行约束状态的分析和当前特征与草图曲线适应性分析，并在对话框中显示相关的提示信息。如果草图没有完全约束或存在其他问题，系统将在对话框中对其进行信息提示。需要注意的是，该命令只有在零件模块的草绘环境中才可使用。

具体操作步骤如下：

步骤 1　在零件模块下，单击"模型"选项卡"形状"选项组中的"旋转"按钮 ∞，进入旋转草绘环境，绘制如图 2.6.5 所示的草绘图元。

步骤 2　在草绘环境中，单击"草绘"选项卡"检查"选项组中的"特征要求"按钮，打开如图 2.6.6 所示的"特征要求"对话框。该对话框各个符号的含义如下：

① ✓：表示满足零件设计要求。

② ❶：表示不满足零件设计要求。

③ △：表示满足零件设计要求，但对草图进行简单的改动就有可能不满足零件设计要求。

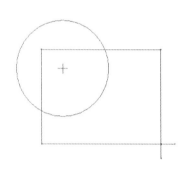

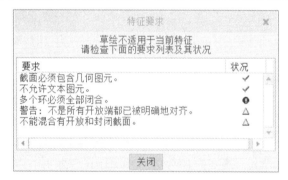

图 2.6.5　草绘图元 　　　　　　图 2.6.6　"特征要求"对话框

步骤 3　单击"关闭"按钮，将"特征要求"对话框中带有 ❶ 和 △ 的选项进行修改，使其满足零件的设计要求。

3 单元

零件设计

>>>>>

◎ **单元导读**

  对于一个产品来说，零件建模是产品设计的基础，而零件的基本单元是特征。本单元首先介绍用拉伸特征创建一个零件模型的一般操作步骤，然后介绍 Creo 4.0 模型文件的操作、模型树和层的操作及其他一些基本的特征工具，如旋转、孔、倒角、圆角、抽壳、扫描和混合等，最后介绍特征撤销和重新排序，以及特征生成失败的解决方法。

◎ **能力目标**

◆ 认识 Creo 4.0 零件建模的一般过程。

◆ 了解 Creo 4.0 模型文件的基本操作。

◆ 掌握特征的重新排序及插入的操作方法，以及特征生成失败的解决方法。

◆ 可以根据模型需要独立进行零件的创建。

◆ 通过讨论创建零件基本特征命令的使用方法和注意事项，掌握创建零件的一般方法。

◎ **思政目标**

◆ 树立正确的学习观、价值观，自觉践行行业道德规范。

◆ 牢固树立质量第一、信誉第一的强烈意识。

◆ 遵规守纪，安全生产，爱护设备，钻研技术。

3.1

Creo 4.0零件建模的一般过程

在 Creo 4.0 中，创建零件模型的方法很多，主要可以分为以下几种。

1）堆积木式。此方法为大部分机械零件的实体三维模型的创建方法，即先创建一个反映零件主要形状的基础特征，然后在这个基础特征上添加其他一些特征，如伸出、倒角等。

2）由曲面生成零件的实体三维模型。这种方法是先创建零件的曲面特征，然后把曲面转换成实体模型。

3）从装配体中生成零件的实体三维模型。这种方法是先创建装配体，然后在装配体中创建零件。

本单元主要介绍使用第一种方法创建零件模型的一般过程。下面以一个实例来说明用Creo 4.0创建零件三维模型的一般操作步骤。零件模型如图 3.1.1 所示。

图 3.1.1　零件模型

3.1.1　新建零件模型文件

新建一个 work\01 工作目录，将目录 D:\creo4.0\work\01 设置为工作目录。在后面的单元中，每次新建或打开一个模型文件之前，都应该先设置工作目录。

新建零件模型文件的具体操作步骤如下：

步骤1　在 Creo 4.0 主界面中，选择"文件"→"新建"选项，或单击"主页"选项卡"数据"选项组中的"新建"按钮，如图 3.1.2 所示，打开"新建"对话框，如图 3.1.3 所示。

图 3.1.2　"新建"按钮

图 3.1.3　"新建"对话框

步骤 2 选择文件类型和子类型。在对话框中选中"类型"选项组中的"零件"单选按钮，选中"子类型"选项组中的"实体"单选按钮。

步骤 3 输入文件名。在"名称"文本框中输入文件名，如 new01。

步骤 4 取消选中"使用默认模板"复选框，单击"确定"按钮，打开"新文件选项"对话框，如图 3.1.4 所示。在"模板"列表框中选择实体零件模型模板，如 mmns_part_solid，然后单击"确定"按钮，系统就会立即进入零件的创建环境。

图 3.1.4 "新文件选项"对话框

3.1.2 创建零件基础特征

基础特征是一个零件的主要轮廓特征，创建什么样的特征作为零件的基础特征，一般由设计者根据产品的设计意图和零件的特点灵活掌握。本例中零件的基础特征是一个拉伸特征。拉伸特征是将截面草图沿着草绘平面的垂直方向拉伸而形成的，它是最基本且经常使用的零件建模工具。

1. 选取特征命令

进入 Creo 4.0 零件设计环境后，屏幕的绘图区中会显示 3 个互相垂直的默认基准平面，如图 3.1.5 所示。如果没有显示，可单击视觉控制工具栏中的"基准显示过滤器"下拉按钮，在弹出的下拉列表中选中"平面显示"复选框，将基准平面显现出来。

在界面上方会显示"模型"选项卡，该选项卡中包括 Creo 4.0 中所有的零件建模工具，命令的选取方法一般是单击其中相应的按钮。

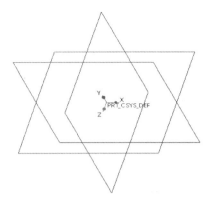

图 3.1.5   3 个默认基准平面

本例中需要使用"拉伸"命令，在"模型"选项卡"形状"选项组中单击"拉伸"按钮即可。

2．定义拉伸特征类型

在单击"拉伸"按钮后，绘图区上方会出现"拉伸"选项卡。在"拉伸"选项卡中单击"拉伸为实体"按钮 □（默认情况下，此按钮为按下状态）。

3．定义截面草图

定义截面草图有两种方法，一是选择已有的草绘草图作为特征的截面草图，二是创建新的草图作为特征的截面草图。

本例将采用第二种方法定义截面草图，具体的操作步骤如下：

步骤1   选取命令。单击"拉伸"选项卡中的"放置"按钮，在弹出界面中单击"定义"按钮，打开"草绘"对话框。

步骤2   定义截面草图放置属性。

01   定义草绘平面。

选取 RIGHT 基准平面作为草绘平面，操作方法如下：将鼠标指针移至图形中 RIGHT 基准平面的边线，该基准平面的边线外会出现红色加亮的边线，此时单击，RIGHT 基准平面就会被定义为草绘平面；或者在左侧的"模型树"选项卡中单击 RIGHT 字符，也可定义草绘平面。"草绘"对话框中的"草绘平面"选项组中的"平面"文本框中显示出"RIGHT：F1（基准平面）"。

02   定义草绘视图方向。这里采用模型中默认的草绘视图方向。

03   对草绘平面进行定向。

① 指定草绘平面的参考平面。完成草绘平面的选取后，"草绘"对话框中的"参考"文本框自动加亮显示，选取图形中的 FRONT 基准平面作为参考平面。

② 指定参考平面的方向。单击"草绘"对话框中"方向"文本框后的"设置参考方向"下拉按钮，在弹出的下拉列表中选择"下"选项。

04   单击"草绘"按钮，此时系统进行草绘平面的定向，并使其与屏幕平行。至此系统就进入了截面的草绘环境。

步骤 3 创建特征的截面草图。

基础的拉伸特征截面草图如图 3.1.6 所示。下面以此为例介绍特征截面草图的一般创建过程。

01 定义草绘参考。在进入草绘环境中时，系统会自动为草图绘制及标注选取足够的草绘参考，这里保留系统默认。

02 设置草绘环境，调整草绘区。

03 创建截面草图。

① 草绘截面几何图形的大体轮廓。在绘制截面草图时，没有必要精确地绘制截面的几何形状、位置和尺寸，只需简单画出大概形状即可。

② 建立约束。

图 3.1.6 截面草图

a. 显示约束。单击视觉控制工具栏中的"草绘器显示过滤器"下拉按钮，在弹出的下拉列表中选中"约束显示"复选框。

b. 删除无用约束。在绘制草图时，系统会自动添加一些约束，可能其中有些是无用的约束，可将其删除。删除约束的方法：选择某一无用约束，然后长按鼠标右键，在弹出的快捷菜单中选择"删除"选项即可。

c. 添加需要的约束。绘制如图 3.1.7（a）所示的中心线，单击"草绘"选项卡"约束"选项组中的"重合"按钮。在图 3.1.7（a）中，先单击中心线，再单击图中的基准平面边线，完成后如图 3.1.7（b）所示。单击"草绘"选项卡"约束"选项组中的"对称"按钮，依次单击图 3.1.8（a）中的中心线、顶点 1 和顶点 2，完成后，再依次单击中心线、顶点 3 和顶点 4，完成操作后的图形如图 3.1.8（b）所示。单击"草绘"选项卡"约束"选项组中的"相切"按钮，单击图 3.1.9（a）中的弧 1、线段 1 和线段 2，然后单击弧 2，最后单击线段 1 和线段 2，完成操作后如图 3.1.9（b）所示。

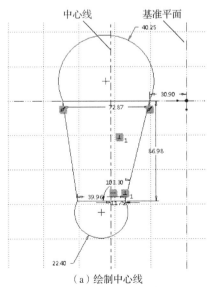

（a）绘制中心线

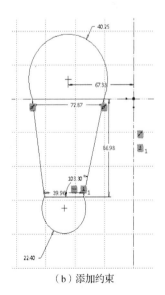

（b）添加约束

图 3.1.7 添加重合约束

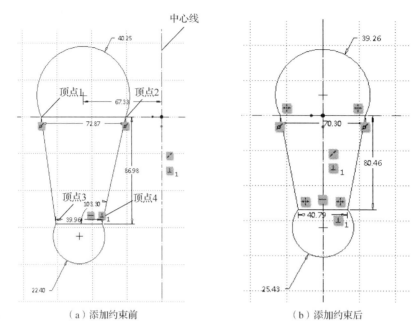

（a）添加约束前 　　　　（b）添加约束后

图 3.1.8　添加对称约束

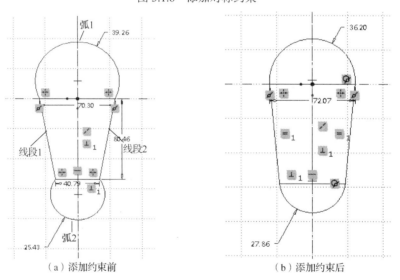

（a）添加约束前 　　　　（b）添加约束后

图 3.1.9　添加相切约束

③ 修剪多余线段并按参数要求完成尺寸修改，如图 3.1.10 所示。

④ 调整尺寸位置。将草图的尺寸移动至适当的位置。

⑤ 将符合设计意图的弱尺寸转换为强尺寸。

在改变尺寸标注方式之前，应该将符合设计意图的弱尺寸转换为强尺寸，以免在用户改变尺寸标注方式时，系统自动将符合设计意图的弱尺寸删掉。在简单的草图中，此步骤可以省略，但在创建复杂的草图时，应该特别注意。

⑥ 改变标注方式，满足设计意图。

⑦ 编辑、修剪多余的边线。使用"编辑"选项组中的"修改"命令，将草图中多余的

边线去掉。为确保草图正确，建议对图形的每个交点处进行进一步的修剪处理。

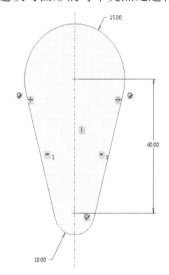

图 3.1.10 修剪边线、修改尺寸

⑧ 将截面草图中的所有弱尺寸转化为强尺寸。

步骤 4 单击"草绘"选项卡"关闭"选项组中的"确定"按钮，完成拉伸特征截面的草绘，退出草绘环境。

4. 定义拉伸深度属性

步骤 1 选取深度类型并输入其深度值。单击"拉伸"选项卡中的 ⏉ 下拉按钮，在弹出的下拉列表中选取深度类型，在深度文本框中输入深度值 10.0，然后按 Enter 键。

步骤 2 选取深度方向。这里采用默认深度方向。如需选取反向，单击深度文本框后的第一个按钮，即可将拉伸的深度方向更改为草绘的另一侧。

5. 完成特征的创建

步骤 1 单击"拉伸"选项卡中的"预览"按钮 ⛬，预览所创建的特征，检查各要素定义是否正确。如果所创建特征与设计意图不符，可对相关项重新定义。

步骤 2 单击"拉伸"选项卡中的"完成"按钮，完成特征的创建，如图 3.1.11 所示。

3.1.3 在零件上添加其他特征

1. 添加拉伸特征

创建零件的基本特征后，可以增加其他特征，如要添加如图 3.1.12 所示的实体拉伸特征。其操作步骤如下：

步骤 1 单击"模型"选项卡"形状"选项组中的"拉伸"按钮。

步骤 2 定义拉伸类型。确认"拉伸"选项卡中的"拉伸

图 3.1.11 创建完成

为实体"按钮被按下。

步骤3 定义草绘截面放置属性。

01 在绘图区中长按鼠标右键，在弹出的快捷菜单中选择"定义内部草绘"选项，打开"草绘"对话框。

02 定义截面草图的放置属性。

① 设置草绘平面：选取图 3.1.13 所示的模型表面为草绘平面。

② 设置草绘视图方向：采用模型中默认的视图方向。

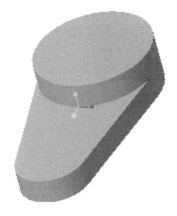

图 3.1.12　实体拉伸特征

图 3.1.13　草绘平面

03 创建如图 3.1.14 所示的特征截面草图，过程如下：

① 定义截面草绘参考。选取如图 3.1.15 所示的参考。

② 参照草绘参考绘制截面草图。

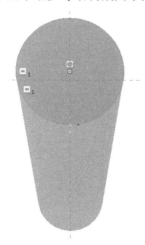

图 3.1.14　草绘截面

图 3.1.15　草绘参考

04 完成截面绘制后，单击"草绘"选项卡"关闭"选项组中的"确定"按钮。

步骤4 定义深度类型及其深度。在"拉伸"选项卡中选取深度类型（指定深度值），输入深度值为 10.0。

步骤5 选取深度方向。这里采用模型中默认的深度方向。

步骤 6　在"拉伸"选项卡中单击"完成"按钮，完成特征的创建。

2．添加切削拉伸特征

添加如图 3.1.16 所示的切削拉伸特征，具体的操作步骤如下：

步骤 1　单击"模型"选项卡"形状"选项组中的"拉伸"按钮，界面上方出现"拉伸"选项卡。

步骤 2　定义拉伸类型。确认"拉伸"选项卡中的"拉伸为实体"按钮已按下，并单击"拉伸"选项卡中的"移除材料"按钮。

步骤 3　定义草绘截面放置属性。重复添加拉伸特征的操作，并绘制、标注截面，如图 3.1.17 所示。

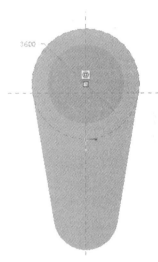

图 3.1.16　切削拉伸特征　　　　　图 3.1.17　截面草图

步骤 4　确定拉伸方向、深度类型及深度值。选取模型中默认的深度方向，在"拉伸"选项卡中选取默认深度类型（定值），并输入深度值为 15.0。

步骤 5　定义移除材料的方向。这里采用默认的移除方向。如需反向，单击深度文本框后的第 4 个按钮，即可将移除方向更改为草绘的另一侧。

3.2　Creo 4.0 模型文件的基本操作

1．打开及保存模型文件

（1）打开模型文件

在完全退出软件后，如需重新进入软件，并打开文件 new01.prt，可进行如下操作。

步骤 1　选择"文件"→"管理会话"→"选择工作目录"选项，在打开的"选择工作目录"对话框中将工作目录设置为 D:\creo4.0\work\01，然后单击"确定"按钮。

步骤 2　选择"文件"→"打开"选项，或单击"主页"选项卡"数据"选项组中的"打开"按钮，打开"文件打开"对话框。

步骤 3　在文件列表中选择要打开的文件名 new01.prt，然后单击"打开"按钮，即可打开文件，或者双击文件名也可以打开文件。

（2）保存模型文件

成模型建模后，单击快速访问工具栏中的"保存"按钮，或选择"文件"→"保存"选项，打开"保存对象"对话框，在"模型名称"文本框中会显示文件名称。单击"确定"按钮，即可将文件保存，若不进行保存，单击"取消"按钮即可。

2．拭除及删除文件

本节中所描述的"对象"是一个用 Creo 4.0 创建的文件，如草绘、零件模型、制造模型、装配体模型及工程图等。

（1）从内存中拭除未显示的对象

如果通过选择"文件"→"关闭"选项关闭一个窗口，窗口中的对象便不在图形区显示，但工作区处于活动状态，对象仍将保留在内存中，这些对象被称为"未显示的对象"。选择"文件"→"管理会话"→"拭除未显示的"选项，打开"拭除未显示的"对话框。该对话框列出了未显示的对象，选择相应的对象并单击"确定"按钮，则所选择的未显示对象将从内存中拭除，但它们不会从磁盘中删除。当参考未显示对象的装配件或工程图仍处于活动状态时，系统不能拭除该未显示的对象。

（2）从内存中拭除当前对象

1）如果当前对象为零件、格式和布局等类型，选择"文件"→"管理会话"→"拭除当前"选项，在打开的"拭除确认"对话框中单击"是"按钮，则当前对象将从内存中拭除，但它们不会从磁盘中删除。

2）如果当前对象为装配、工程图及模具等类型，选择"文件"→"管理会话"→"拭除当前"选项，在打开的"拭除"对话框中选取要拭除的关联对象，再单击"是"按钮，则当前对象及选取的关联对象将从内存中拭除。

（3）删除文件的旧版本

每次选择"文件"→"保存"选项保存对象时，系统都会创建对象的一个新版本，并将它写入磁盘。系统对存储的每一个版本进行连续的编号，如对于零件模型文件，其格式为 new01.prt1、new01.prt2、new01.prt3 等。

使用 Creo 4.0 创建模型文件时，在最终完成模型创建后，可将模型文件的所有旧版本删除。想要删除文件的旧版本，需要先将工作目录设置到文件所在的文件夹，然后选择"文件"→"管理文件"→"删除旧版本"选项，在打开的"删除旧版本"对话框中单击"是"按钮。

（4）删除文件的所有版本

在设计完成后，可将没有用的模型文件的所有版本删除。选择"文件"→"管理文件"→

"删除所有版本"选项，在打开的"删除所有确认"对话框中单击"是"按钮，系统就会删除当前对象的所有版本。如果选择删除的对象是族表的一个实例，则实例和普通模型都不能被删除；如果选择删除的对象是普通模型，则此普通模型将被删除。

3.3 模型的控制

1. 模型的显示方式

在 Creo 4.0 中，模型常用的显示方式有 5 种。单击"视图"选项卡"模型显示"选项组中的"显示样式"下拉按钮，在弹出的下拉列表中选择相应的显示样式，即可切换模型的显示方式。

2. 模型的移动、旋转和缩放

用鼠标可以控制图形区中的模型显示状态。

1）滚动鼠标中键，可以缩放模型：鼠标中键向前滚动，模型缩小；鼠标中键向后滚动，模型放大。

2）按住鼠标中键，移动鼠标，可以旋转模型。

3）先按住键盘上的 Shift 键，然后按住鼠标中键移动鼠标，即可移动模型。

3. 模型的定向

（1）关于模型的定向

利用模型的"定向"功能可以将绘图区中的模型定向在所需的方位，以便查看。

（2）模型定向的一般方法

常用的模型定位方法为"参考定位"。这种定向方法的原理是，在模型上选取两个垂直相交的参考平面，然后定义两个参考平面的放置方向。

（3）动态定向

单击"视图"选项卡中的"方向"下拉按钮，在弹出的下拉列表中选择"定向模式"选项，再次单击"方向"下拉按钮，在弹出的下拉列表中选择"定向类型"选项，然后选中其子菜单中的"动态"单选按钮，系统显示动态定向界面。移动界面中的滑块，可以方便地对模型进行移动、旋转与缩放。

（4）模型视图的保存

模型视图一般指模型的方位和显示大小。将模型视图调整到某种状态后，即某个方位和显示大小，可以将这种视图状态保存起来，以便以后直接调用。

在"视图"选项卡"方向"选项组中单击"已保存方向"下拉按钮，在弹出的下拉列表中选择"重定向"选项，在打开的"视图"对话框中可进行保存、删除和设置等操作。

3.4 模 型 树

1. 模型树的概念

在 Creo 4.0 中新建或打开一个文件后，一般会在屏幕的左侧出现模型树，如图 3.4.1 所示。如果没有出现这个模型树，可在界面下方单击"显示导航器"按钮 🖧，如果此时显示的是"层树"，则单击"层树"右侧的"显示"下拉按钮，在弹出的下拉列表中选择"模型树"选项即可。

图 3.4.1　模型树

模型树以树的形式列出了当前活动模型中的所有零件或特征，主对象显示在树的顶部，从属对象位于其下。在零件模型中，模型树列表的顶部是零件名称，零件名称下方是每个特征的名称；在装配体模型中，模型树列表的顶部是总装配，总装配下是各子装配和零件，每个子装配下方则是该子装配中各个零件的名称，每个零件的下方是零件中各个特征的名称。模型树只列出当前活动的零件或装配模型的零件级与特征级对象，不列出组成特征的截面几何要素，如边、曲面等。

如果打开多个 Creo 4.0 窗口，则模型树内容只反映当前活动的文件，即活动窗口中的模型文件。

2. 模型树的作用与操作

（1）模型树的作用

控制模型树中项目的显示。在"模型树"选项卡中，单击"设置"下拉按钮 ᵀↂ，在弹出的下拉列表中选择"树过滤器"选项，打开"模型树项"对话框，如图 3.4.2 所示。通过该对话框可控制模型中各类项目是否在模型树中显示。

选项前面的复选框被选中的特征项目类型将在模型树中显示，否则在模型树中不显示，设置完成后，单击"确定"按钮即可。

图 3.4.2　"模型树项"对话框

（2）模型树的操作

1）在模型树中选取对象。可以从模型树中选取要编辑的特征或零件对象，当要选取的特征或零件在图形区的模型中不可见时，此方法尤为有用。当要选取的特征和零件在模型中禁止被选取时，仍可在模型树中进行选取操作。

2）在模型树中使用快捷命令。右击模型树中的特征名或零件名，可弹出相应的快捷菜单，从中可选择相对于选定对象的特定操作命令。

3）在模型树中插入定位符。模型树中有一个带绿色箭头的标志，该标志指明在创建特征时的插入位置。在默认情况下，它的位置总是在模型树列出的所有项目的最后。可以在模型树中将其上下拖动，将特征插入模型的其他特征之间。将插入符移动到新位置时，插入符后面的项目将被隐藏，这些项目将不在图形区的模型上显示。

使用 Creo 4.0 的层

1．Creo 4.0 的层

Creo 4.0 提供了一种有效组织模型和管理如基准线、基准平面、特征和装配中的零件等要素的手段，这就是"层"。通过层，可以对同一个层中的所有共同的要素进行显示、隐藏及选择等操作。在模型中，想要多少层就可以有多少层，层中还可以有层。也就是说，一个层还可以组织和管理其他许多的层。组织层中的模型要素并用层来简化显示，可以使很多任务流水线化，并可以提高可视化程度，极大地提高工作效率。

层的显示状态与其对象一起局部存储，这意味着在当前 Creo 4.0 工作区改变一个对象的显示状态，不影响另一个活动对象的相同层的显示，然而装配时，层的改变或许会影响到低层对象（子装配或零件）。

2．层的基本操作

要进入层界面，可通过单击左侧"模型树"选项卡中的"显示"下拉按钮，在弹出的下拉列表中选择"层树"选项，也可单击"视图"选项卡"可见性"选项组中的"层"按钮，进入层界面。通过该界面可以操作层，对层的项目进行操作，以及设置层的显示状态等。

（1）进行层操作

进行层操作的一般步骤如下：

步骤1　选取活动层对象（在零件模式下无须进行此步操作）。

步骤2　进行层操作，如创建新层、向层中增加项目、设置层的显示状态等。

步骤3　保存状态文件。

步骤4　保存当前层的显示状态。

步骤5　关闭层操作界面。

（2）创建新层

创建新层的一般步骤如下：

步骤1　在层的操作界面中单击"层"下拉按钮 ≣，在弹出的下拉列表中选择"新建层"选项。

步骤2　在打开的"层属性"对话框中的"名称"文本框中输入新层的名称。

步骤3　在"层标识"文本框中输入层标识号。层标识的作用是当将文件输出到不同格式时，利用其标识可以识别一个层。一般情况下可以不输入标识号。

步骤4　单击"确定"按钮。

（3）在层中添加项目

层中的内容，如基准线、基准平面等，称为层的项目。在层中添加项目的方法如下：

步骤1　在左侧"层树"选项卡中，右击想在其中添加项目的层，在弹出的快捷菜单中选择"层属性"选项，打开"层属性"对话框。

步骤2　向层中添加项目。首先确认对话框中的"包括"按钮已被按下，然后将鼠标指针移至图形区的模型上，可看到当鼠标指针接触到基准平面、基准轴、坐标系及伸出项特征等项目时，相应的项目就变成橘黄色，此时单击，相应的项目就会添加到该层中。

步骤3　如果要将项目从层中排除，可单击对话框中的"排除"按钮，再选取项目列表中的相应项目即可。

步骤4　如果要将项目从层中完全删除，先选取项目列表中的相应项目，再单击"移除"按钮，设置完成后，单击"确定"按钮，关闭"层属性"对话框。

（4）设置层的隐藏

可以将某个层设置成隐藏状态，这样层中的项目（基准曲线、基准平面等）在模型中将不可见。层的隐藏也称层的遮蔽，层的隐藏与查看的方法如下：

步骤 1　在左侧"层树"选项卡中选取要设置隐藏状态的层右击，在弹出的快捷菜单中选择"隐藏"选项。

步骤 2　单击视觉控制器工具栏中的"重画"按钮，可以在模型上看到隐藏层的变化效果。

（5）层树的显示与控制

在左侧"层树"选项卡中，单击"显示"下拉按钮，在弹出的下拉列表中可对层树中的层进行展开、收缩等操作。

3．关于系统自动创建层

在 Creo 4.0 中，当创建某些类型的特征，如曲面特征、基准特征等，系统会自动创建新层。新层中包含所创建的特征或该特征的部分几何元素，以后如果创建相同类型的特征，系统会自动将该特征或部分几何特征加入相应的层。例如，在用户创建了一个基准平面 DTM1 特征后，系统会自动在层树中创建名为 DATUM 的新层，该层中包含刚创建的基准平面 DTM1 特征，以后如果再创建其他的基准平面，系统会自动将其放入 DATUM 层中。又如，在用户创建旋转特征后，系统将自动创建名为 AXIS 的新层，该层中包含刚创建的旋转特征的中心轴线，以后用户在创建含有基准轴的特征或基准轴特征时，系统会自动将它们放入 AXIS 层中。

4．将模型中层的显示状态与模型文件一起保存

将模型中的各层设置为所需要的显示状态后，只有将层的显示状态先保存起来，模型中层的显示状态才能随模型文件一起保存，否则下次打开模型文件后，以前所设置的层的显示状态会丢失。保存层的显示状态的操作方法如下：选择层树中的任意一个层右击，在弹出的快捷菜单中选择"保存状况"选项。

3.6　设置零件的属性

在零件模块中，选择"文件"→"准备"→"模型属性"选项，打开"模型属性"对话框，通过该对话框可以定义基本的数据库输入值，如材料类型、零件精度和度量单位等。

1．零件材料的设置

下面说明设置零件模型材料属性的一般操作步骤。

步骤 1　定义新材料。

01　进入 Creo 4.0 系统，创建一个零件模型。

02　选择"文件"→"准备"→"模型属性"选项。

03　在打开的"模型属性"对话框中，选择"材料"后的"更改"选项，打开"材料"对话框。

04　单击"创建新材料"按钮，打开"材料定义"对话框。

05　在"名称"文本框中先输入材料的名称，然后在其他各区域分别输入材料的一些属性值，如"说明""密度""泊松比""杨氏模量"等，再单击"保存到模型"按钮。

步骤 2　将定义的材料写入磁盘。

在"材料定义"对话框中单击"保存至库"按钮，或进行如下操作。

01　在"材料"对话框模型中的材料列表框中选取要写入的材料名称。

02　选择"文件"→"保存副本"选项，打开"保存副本"对话框。

03　在"保存副本"对话框中的"文件名"文本框中输入材料文件的名称，然后单击"确定"按钮，材料将被保存到当前的工作目录中。

步骤 3　为当前模型制定材料。

01　在"材料"对话框中的"库中的材料"列表框中选取所需的材料名称。

02　双击文件名，此时材料名称将被放置到模型中的材料列表框中。

03　单击"确定"按钮。

2．零件单位的设置

每个模型都有一个基本的米制和非米制单位系统，以确保该模型的所有材料属性保持测量和定义的一贯性。Creo 4.0 提供了一些预定义单位系统，其中一个是默认单位系统。用户还可以自定义单位和单位系统（称为定制单位和定制单位系统）。在进行一个产品的设计之前，应该使产品中的各元件具有相同的单位系统。

选择"文件"→"准备"→"模型属性"选项，在打开的"模型属性"对话框中选择"材料"和"单位"后的"更改"选项，在打开的"材料"对话框和"单位管理器"对话框中可以设置、创建、更改、复制或删除模型的单位系统。

3.7 修 改 特 征

1．特征尺寸的编辑

特征尺寸的编辑，即对特征尺寸和相关修饰元素进行修改，下面介绍相关的操作方法。

（1）进入特征尺寸编辑状态的两种方法

方法 1 从模型树选择编辑命令，然后进行特征尺寸的编辑。在零件的模型树中，右击要编辑的特征，在弹出的快捷菜单中选择"编辑尺寸" 选项，此时该特征的所有尺寸都会显示出来，以便进行编辑。

方法 2 双击模型中的特征，然后进行特征尺寸的编辑。

第二种方法是直接在图形区的模型上双击要编辑的特征，此时该特征的所有尺寸也都会显示出来。对于简单的模型，这是修改特征的一种常用方法。

（2）编辑特征尺寸值

通过上述方法进入特征的编辑状态后，如果要修改特征的某个尺寸值，方法如下：在模型中双击要修改的特征的某个尺寸，在弹出的文本框中输入新的尺寸，并按 Enter 键，模型立即发生改变。

2．查看零件模型信息及特征父子关系

在零件模型树中右击要编辑的特征，在弹出的快捷菜单中选择"信息"选项，将弹出"信息"子菜单，通过选择其中相应的选项可查看所选特征的信息、模型的信息，以及所选特征与其他特征间的父子关系。

3．删除特征

在零件模型树中右击要编辑的特征，在弹出的快捷菜单中选择"删除"选项，即可删除所选的特征。如果要删除的特征有子特征，系统将打开"删除"对话框，同时在模型树中加亮该特征的所有子特征。单击"删除"对话框中的"确定"按钮，则删除该特征及其所有子特征。

4．特征的隐含和隐藏

（1）特征的隐含与取消隐含

在零件模型树中右击要编辑的特征，在弹出的快捷菜单中选择"隐含"选项，即可隐含所选取的特征。隐含特征就是将特征从模型中暂时删除。如果要隐含的特征有子特征，子特征也会一同被隐含。类似的，在装配模块中，可以隐含装配体中的元件。隐含特征的作用有以下几个。

1）隐含某些特征后，用户可更专注于当前工作区域。

2）隐含零件上的特征或装配体中的元件可以简化零件或装配模型，减少再生时间，加快修改过程和模型显示速度。

3）暂时删除特征或元件，可尝试不同的设计迭代。

一般情况下，特征被隐含后，模型树中将不显示该特征名。如果希望在模型树中显示该特征名，则可以在左侧"模型树"选项卡中单击"设置"下拉按钮，在弹出的下拉列表中选择"树过滤器"选项，打开"模型树项"对话框。选中该对话框中的"隐含的对象"复选框，然后单击"确定"按钮，这样被隐含的特征名就会显示在模型树中。被隐含的特征名前有一个填黑的方形标记。

如果想要恢复被隐含的特征，可在模型树中右击隐含特征名，再在弹出的快捷菜单中

选择"恢复"选项即可。

（2）特征的隐藏与取消隐藏

在零件模型的模型树中，右击某些基准特征名（如 RIGHT 基准平面），在弹出的快捷菜单中选择"隐藏"选项，即可隐藏该基准特征，这时在零件模型上看不见此特征。这种功能相当于层的隐藏功能。

如果想要恢复被隐藏的特征，可在模型树中右击隐藏特征名，再在弹出的快捷菜单中选择"显示"选项即可。

5．特征的编辑定义

当特征创建完毕后，如果需要重新定义特征的属性、截面的形状或特征的深度选项，就必须对特征进行编辑定义，也称"重定义"。下面以零件（new01）的拉伸特征为例说明其操作方法。

在零件模型树中右击"拉伸 3"特征，在弹出的快捷菜单中选择"编辑定义"选项，此时功能区出现"拉伸"选项卡。按照下列操作方法，可重新定义该特征的所有元素。

步骤1 重定义特征的属性。

在"拉伸"选项卡中重新选定特征的深度类型、深度值及拉伸方向等属性。

步骤2 重定义特征的截面。

01 在"拉伸"选项卡中单击"放置"按钮，然后在弹出的界面中单击"编辑"按钮，或在绘图区中长按鼠标右键，在弹出的快捷菜单中选择"编辑内部草绘"选项。

02 进入草绘环境，单击"草绘"选项卡"设置"选项组中的"草绘设置"按钮，打开"草绘"对话框。

03 系统将加亮原来的草绘平面，用户可以选取其他平面作为草绘平面，并选取方向。也可通过单击"使用先前的"按钮，来选择前一个特征的草绘平面及参考平面。

04 选取草绘平面后，系统将加亮原来的草绘平面的参考平面，此时可选取其他平面作为参考平面，并选取方向。

05 完成草绘平面及其参考平面的选取后，单击"草绘"对话框中的"草绘"按钮，系统再次进入草绘环境。可以在草绘环境中修改特征草绘截面的尺寸、约束关系和形状等。修改完成后，单击"草绘"选项卡"关闭"选项组中的"确定"按钮即可。

3.8 多级撤销/重做功能

Creo 4.0 提供了使用方便的多级撤销/重做功能，在对许多特征、组件和制图的操作中，如果错误地删除、重定义或修改了某些内容，只需要一个简单的撤销操作就能恢复原状。撤销操作的具体步骤如下：

步骤 1 新建一个零件模型，命名为 new02.prt。

步骤 2 创建如图 3.8.1 所示的拉伸特征。

步骤 3 创建如图 3.8.2 所示的切削拉伸特征。

图 3.8.1　拉伸特征　　　　　　　　　　　　图 3.8.2　切削拉伸特征

步骤 4 删除步骤 3 创建的切削拉伸特征，然后单击工具栏中的"撤销"按钮 ↶，则刚刚被删除的切削拉伸特征就会重新恢复；如果再单击工具栏中的"重做"按钮 ↷，则恢复的切削拉伸特征就会再次被删除。

基 准 特 征

Creo 4.0 中的基准包括基准平面、基准轴、基准点、坐标系和基准曲线。这些基准在创建零件的一般特征、曲面、零件的剖切面及装配中都十分有用。

3.9.1　基准平面

基准平面又称为基础准面。在创建一般特征时，如果模型上没有合适的平面，用户可以将基准平面作为特征截面的草绘平面及其参考平面；还可根据基准平面进行标注，就好像它是一条边。用户可以调整基准平面的大小，使其看起来是零件、特征、曲面、边、轴或半径。

基准平面有两侧：橘黄色侧和灰色侧。法向箭头指向橘黄色侧。基准平面在屏幕中显示为橘黄色还是灰色取决于模型的方向。当装配元件、定向视图和选择草绘参考时，应注意基准平面的颜色。

要选择一个基准平面，可以选择其名称，也可以选择它的一条边界。

下面举例说明基准平面的一般创建过程。如图 3.9.1 所示，现要创建一个基准平面 DTM1，使其穿过模型的一条边，并与一个表面成 60°的夹角。

步骤 1 设置工作目录并创建如图 3.9.1（a）所示的零件模型。单击"模型"选项卡"基准"选项组中的"平面"按钮，打开"基准平面"对话框。

步骤 2 选取约束。

① 穿过约束。选择图 3.9.1（b）所示的边线，系统默认约束类型为"穿过"。

② 角度约束。按住 Ctrl 键，选择图 3.9.1（b）所示的参考平面。

步骤 3 给出夹角。在图 3.9.1（c）所示的"旋转"文本框中输入夹角值 60°。

步骤 4 修改基准平面的名称。在"属性"选项卡中的"名称"文本框中输入新的名称，单击"确定"按钮。

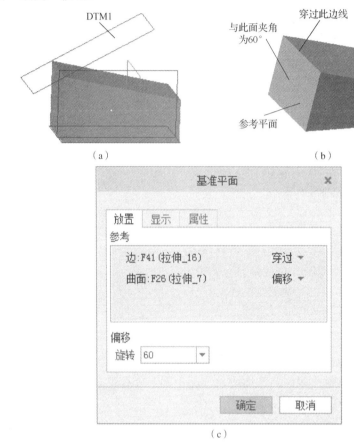

图 3.9.1 基准平面的创建

步骤 5 创建基准平面的其他约束方法：通过平面。

通过平面的约束方法是指要创建的基准平面通过另一个平面，即与这个平面完全一致，该约束方法能单独确定一个平面。单击"模型"选项卡"基准"选项组中的"平面"按钮，在打开的"基准平面"对话框中选择某一参考平面，然后选择"穿过"选项。

步骤 6 创建基准平面的其他约束方法：偏距平面。

偏距平面的约束方法是指要创建的基准平面平行于另一个平面，并且与该平面有一个偏移距离。该约束方法能单独确定一个平面。单击"模型"选项卡"基准"选项组中的"平面"按钮，在打开的"基准平面"对话框中选择某一个参考平面，然后选择"偏移"选项，并在下方的"平移"文本框中输入偏移的距离值。

步骤 7 创建基准平面的其他约束方法：偏移坐标系。

用此约束方法可以创建一个基准平面，使其垂直于一个坐标轴并偏离坐标原点。当选用该约束方法时，需要选择与该平面垂直的坐标轴，以及给出沿该轴线方向的偏距。单击"模型"选项卡"基准"选项组中的"平面"按钮，在打开的"基准平面"对话框中选取某一坐标系，并选取所需的坐标轴，然后选择"偏移"选项，并在下方的"平移"文本框中输入偏移的距离值。

3.9.2　基准轴

如同基准平面，基准轴也可以用于创建特征时的参考。基准轴对创建基准平面、同轴放置项目和径向阵列特别有用。

基准轴的创建方法有两种：一是基准轴作为一个单独的特征来创建；二是创建带有圆弧的特征，系统会自动产生一个基准轴，但此时必须将配置文件选项 show_axes_for_extr_arcs 设置为 yes。

创建基准轴之后，系统用 A_1、A_2 等依次自动分配其名称。要选取一个基准轴，可选择基准轴线自身或其名称。

下面举例说明基准轴的一般创建过程。创建一个如图 3.9.2（a）所示的基础零件，创建一个基准轴，使其与轴线 A_1 的距离为 10.0，并且位于 RIGHT 基准平面内。

步骤 1　设置工作目录，并创建基础零件。

步骤 2　在 FRONT 右侧创建一个偏距基准平面 DTM1，偏距值为 10.0，如图 3.9.2（b）所示。

步骤 3　单击"模型"选项卡"基准"选项组中的"轴"按钮，打开"基准轴"对话框。由于要创建的基准轴通过 RIGHT 和 DTM1 平面的相交线，故在此选取这两个平面作为约束参考。

步骤 4　选取第一约束平面。选取图 3.9.2（a）所示的 RIGHT 基准平面，然后选择"穿过"选项，将系统默认的"基准轴"改为"穿过"。

步骤 5　选取第二约束平面。按住 Ctrl 键，选取创建的基准平面 DTM1。

步骤 6　修改基准轴的名称。在"基准轴"对话框"属性"选项卡中的"名称"文本框中输入新的名称，然后单击"确定"按钮即可。

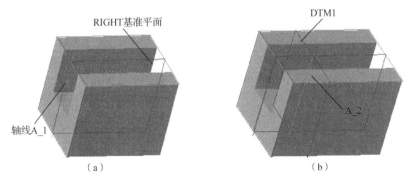

图 3.9.2　基准轴的创建

3.9.3 基准点

基准点用来为网络生成加载点，以及在绘图中连接基准目标和注释、创建坐标系及管道特征轨迹，也可以在基准点处放置轴、基准平面、孔和轴肩。

在默认情况下，Creo 4.0 将一个基准点显示为叉号"×"，其名称为 PNTn，其中 n 是基准点的编号。要选取一个基准点，可选择基准点自身或其名称。

可以使用配置文件选项 datum_point_symbol 来改变基准点的显示样式。基准点的显示样式可使用下列选项中的任意一个：CROSS、CIRCLE、TRIANGLE 或 SQUARE。

可以重命名基准点，但不能重命名在布局中声明的基准点。

创建基准点的方法有以下 4 种。

1．在曲线/边线上

用位置的参数值在曲线或边线上创建基准点，该位置参数值确定从一个顶点开始沿曲线的长度。

如图 3.9.3 所示，创建基准点 PNT0 的具体操作步骤如下：

步骤 1 设置工作目录，创建如图 3.9.3 所示的零件模型。单击"模型"选项卡"基准"选项组中的"点"按钮，打开"基准点"对话框。

步骤 2 选取图 3.9.4 所示的边线，系统自动产生一个基准点 PNT0，在"基准点"对话框中，先选择基准点的定位方式（比率或实际值），再输入基准点的定位数值 0.6，然后单击"确定"按钮。

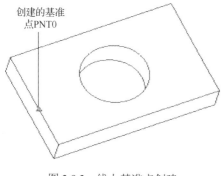

图 3.9.3　线上基准点创建

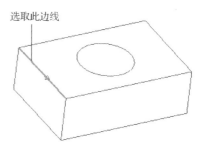

图 3.9.4　选取边线

2．在零件边、曲面特征边、基准曲线或输入框架的顶点上创建基准点

要在模型的顶点创建一个基准点 PNT0，操作步骤如下：

步骤 1 设置工作目录，创建零件模型。

步骤 2 单击"模型"选项卡"基准"选项组中的"点"按钮，打开"基准点"对话框。选取模型顶点，系统将自动在此顶点处产生一个基准点 PNT0。设置完成后单击"确定"按钮。

3．过中心点

在一条弧、圆或在一个椭圆图元的中心处创建一个基准点。如图 3.9.5 所示，在模型表面的孔中心处创建一个基准点 PNT0，操作步骤如下：

步骤 1 设置工作目录，打开文件 point.prt。单击"模型"选项卡"基准"选项组中的"点"按钮，打开"基准点"对话框。

步骤 2 选取模型上表面的孔边线，如图 3.9.5 所示。在"基准点"对话框的"参考"列表框中选择"居中"选项，然后单击"确定"按钮。

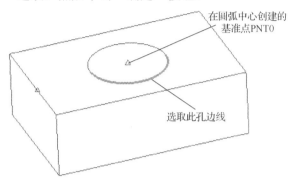

图 3.9.5　创建过中心点的基准点

4．草绘

进入草绘环境，绘制一个基准点。

在模型的表面上创建一个草绘基准点 PNT0，操作步骤如下：

步骤 1 设置工作目录，打开文件。

步骤 2 单击"模型"选项卡"基准"选项组中的"草绘"按钮，在打开的"草绘"对话框中选取草绘平面和参考平面，选取参考方向，然后单击对话框中的"草绘"按钮。

步骤 3 进入草绘环境后，单击"草绘"选项卡"基准"选项组中的"点"按钮，在图形区选择一点，定义好尺寸。

步骤 4 单击"草绘"选项卡"关闭"选项组中的"确定"按钮，退出草绘环境。

3.9.4　坐标系

坐标系是可以增加到零件和装配件中的参考特征，它可用于计算质量属性及装配元件，为有限元分析放置约束，为刀具轨迹提供操作参考，定位其他参考特征（坐标系、基准点、平面和轴线、输入的几何等）。

在 Creo 4.0 中，可以使用下列 3 种形式的坐标系。

1）笛卡儿坐标系。系统用 X、Y 和 Z 来表示坐标值。

2）柱坐标系。系统用半径、θ 和 Z 来表示坐标值。

3）球坐标系。系统用半径、θ 和 φ 来表示坐标值。

创建坐标系的方法如下：

选择 3 个平面（模型表面或基准平面），这些平面不必正交，其交点成为坐标原点，选定的第一个平面的法向定义一个轴的方向，第二个平面的法向定义另一轴的大致方向，系统使用右手定则确定第三个轴。

如图 3.9.6 所示，在 3 个垂直平面的交点上创建一个坐系 CSO，操作步骤如下：

步骤 1 设置工作目录，创建如图 3.9.6 所示的零件模型。

步骤 2 单击"模型"选项卡"基准"选项组中的"坐标系"按钮，打开"坐标系"对话框。

步骤 3 选择 3 个垂直平面。先选择平面 1，然后按住 Ctrl 键选择平面 2 和平面 3。此时系统将创建出如图 3.9.6 所示的坐标系，字符 X、Y 和 Z 所在的方向正是相应坐标轴的正方向。

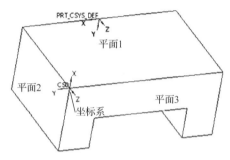

图 3.9.6 创建坐标系

步骤 4 修改坐标轴的位置和方向。在"坐标轴"对话框中，选择"方向"选项卡，在其中可以修改坐标轴的位置和方向，修改完成后单击"确定"按钮即可。

3.9.5 基准曲线

基准曲线可用于创建曲面和其他特征，或作为扫描轨迹。创建曲线有很多方法，下面介绍两种基本方法。

1. 草绘基准曲线

草绘基准曲线的方法与草绘其他特征相同。草绘曲线可以由一个或多个草绘段，以及一个或多个开放或封闭的环组成。但是将基准曲线用于其他特征，通常限定在开放或封闭环的单个曲线（可以由许多段组成）。

草绘基准曲线时，Creo 4.0 在离散的草绘基准曲线上创建一个单一复合基准曲线。对于该类型的复合曲线，不能重定义起点。

由草绘曲线创建的复合曲线可以作为轨迹选择，如作为扫描轨迹。使用"查询选取"命令可以选择底层草绘曲线图元。

如图 3.9.7 所示，创建一个草绘基准曲线，操作步骤如下：

步骤 1 设置工作目录，创建如图 3.9.7 所示的实体零件模型。

步骤 2 单击"模型"选项卡"基准"选项组中的"草绘"按钮，打开"草绘"对话框。

步骤 3 选取如图 3.9.7 所示的草绘平面及参考平面，参考方向为"右"，单击"草绘"按钮，进入草绘环境。

步骤 4 进入草绘环境后，采用默认草绘环境的参考，然后单击"草绘"选项卡"草绘"选项组中的"样条"按钮，草绘一条样条曲线。

步骤 5 绘制完成后单击"草绘"选项卡"关闭"选项组中的"确定"按钮，退出草绘环境。

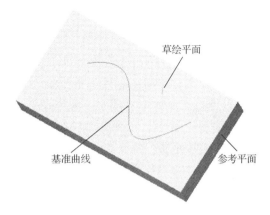

图 3.9.7　创建草绘基准曲线

2. 通过点创建基准曲线

可以通过空间中的一系列点创建基准曲线，经过的点可以是基准点、模型的顶点及曲线的端点。

经过基准点创建一条基准曲线的操作步骤如下：

步骤 1　设置工作目录，创建实体零件模型。

步骤 2　单击"模型"选项卡中的"基准"下拉按钮，在弹出的下拉列表中选择"曲线"→"通过点的曲线"选项。

步骤 3　在功能区出现"曲线：通过点"选项卡，然后在绘图区中依次选取图元中的多个点作为曲线的经过点。

步骤 4　单击"曲线：通过点"选项卡中的"完成"按钮，完成曲线的创建。

旋 转 特 征

1. 旋转特征的概念

旋转特征是指将截面绕着一条中心轴线旋转而形成的形状特征。

旋转特征必须有一条绕其旋转的中心线。

要创建或重新定义一个旋转特征，可按下列操作顺序给定特征要素：定义界面放置属性（包括草绘平面、参考平面和参考平面的方向）、绘制旋转中心线、绘制特征截面、确定旋转方向、输入旋转角。

2．旋转特征的一般创建过程

创建旋转特征的一般操作步骤如下：

步骤1 设置工作目录。

步骤2 选择"文件"→"新建"选项，或单击"主页"选项卡"数据"选项组中的"新建"按钮，打开"新建"对话框。新建一个零件模型，命名模型为 new03，使用米制零件模板，然后单击"确定"按钮。

步骤3 创建如图 3.10.1 所示零件基础特征——实体旋转特征。

图 3.10.1　旋转实体

单击"模型"选项卡"形状"选项组中的"旋转"按钮，功能区出现"旋转"选项卡，该选项卡反映了创建旋转特征的过程及状态。

步骤4 定义旋转类型。在"旋转"选项卡中单击"作为实体旋转"按钮，一般自动默认为按下状态。

步骤5 定义旋转特征草绘平面放置属性。

01 在绘图区长按鼠标右键，在弹出的快捷菜单中选择"定义内部草绘"选项，打开"草绘"对话框。

02 选取 TOP 基准平面作为草绘平面，采用模型中默认的方向为草绘视图方向；选取 RIGHT 基准平面为参考平面，方向为"右"；单击对话框中的"草绘"按钮，进入草绘环境。

步骤6 绘制如图 3.10.2 所示的旋转特征截面草图。

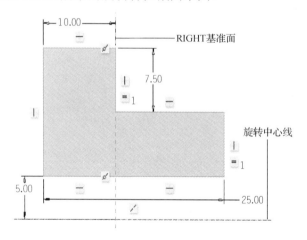

图 3.10.2　截面草图

知识窗　草绘旋转特征的规则

1）旋转界面必须有一条几何中心线，围绕中心线旋转的草图只能绘制在该中心线的一侧。

2）若草绘中使用的中心线多于一条，Creo 4.0 将自动选取草绘的第一条中心线作为旋转轴，除非用户另外选取。

3）实体特征的截面必须是封闭的，曲面特征的截面可以不封闭。

01 单击"草绘"选项卡"基准"选项组中的"中心线"按钮，在 FRONT 基准平面所在的线上绘制一条旋转中心线。

02 绘制绕中心线旋转的封闭几何图形。

03 按图 3.10.2 中的要求标注、修改和整理尺寸。

04 完成特征截面后，单击"草绘"选项卡"关闭"选项组中的"确定"按钮。

步骤7 在"旋转"选项卡中选取默认的旋转角度类型（即草绘平面以指定的角度值旋转），在角度文本框中输入角度值 360.0，然后按 Enter 键。

步骤8 单击"旋转"选项卡中的"完成"按钮。至此，如图 3.10.1 所示的旋转特征已创建完成。

3.11 倒角特征

倒角特征是一种构建特征，所谓构建特征是指不能单独生成，而只能在其他特征上生成的特征。构建特征还包括圆角特征、孔特征及修饰特征等。

1. 倒角特征的分类

在 Creo 4.0 中，倒角分为以下两种类型。

1）边倒角：边倒角是在选定的边上截掉一块平直剖面的材料，以在该选定边的两个原始曲面之间创建斜角曲面，如图 3.11.1 所示。

2）拐角倒角：拐角倒角是在零件的拐角处移除材料，如图 3.11.2 所示。

图 3.11.1 边倒角

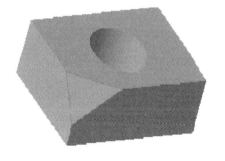

图 3.11.2 拐角倒角

2. 简单倒角特征的一般创建过程

在一个模型上添加倒角特征的一般操作步骤如下：

步骤1 设置工作目录，打开一个实体零件模型文件。

步骤 2 添加倒角（边倒角）。

`01` 单击"模型"选项卡"工程"选项组中的"倒角"按钮，功能区出现"边倒角"选项卡。

`02` 选取模型中要倒角的边线，如图 3.11.3 所示。

选取的边

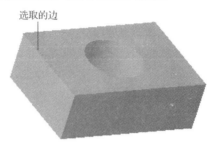

图 3.11.3 选取倒角边线

`03` 选择边倒角方案，这里选用 D×D 方案。

`04` 设置倒角尺寸。在"边倒角"选项卡中的倒角尺寸文本框中输入 3.0，然后按 Enter 键。

`05` 在"边倒角"选项卡中单击"完成"按钮，完成倒角特征的构建。

3.12 倒圆角特征

使用倒圆角命令可创建曲面间的圆角或中间曲面位置的圆角。曲面可以是实体模型的表面，也可以是曲面特征。在 Creo 4.0 中，可以创建两种不同类型的倒圆角：简单倒圆角和高级倒圆角。创建简单倒圆角时，只能指定单个参考组，且不能修改过渡类型；当创建高级倒圆角时，可以定义多个倒圆角组，即圆角特征的段。

创建倒圆角时，应注意以下几点。

1）在设计中尽可能晚些添加倒圆角特征。

2）可以将所有倒圆角放置到一个层上，然后隐含该层，以便加快工作进程。

3）为避免创建从属于倒圆角特征的子项，标注时，不要以倒圆角创建的边或相切边为参考。

1．创建一般简单倒圆角

下面以图 3.12.1 所示的模型为例，介绍创建一般简单倒圆角的操作步骤。

步骤 1 设置工作目录，打开一个实体零件模型文件。

步骤 2 单击"模型"选项卡"工程"选项组中的"倒圆角"按钮，功能区出现"倒圆角"选项卡。

步骤 3　选取倒圆角放置参考。在图 3.12.2 所示的模型上选取要倒圆角的边线。

步骤 4　在"倒圆角"选项组中输入倒圆角的半径值 3.0，然后单击"倒圆角"选项组中的"完成"按钮，完成圆角特征的创建。

图 3.12.1　圆角特征

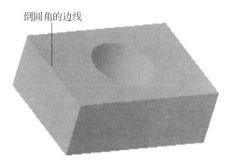

倒圆角的边线

图 3.12.2　选取倒圆角边线

2. 创建完全倒圆角

如图 3.12.3 所示，通过指定一对边可创建完全倒圆角，此时这一对边所构成的曲面会被删除，倒圆角的大小被该曲面所限制。创建一般完全倒圆角特征的操作步骤如下：

步骤 1　设置工作目录，打开一个实体零件模型文件。

步骤 2　单击"模型"选项卡"工程"选项组中的"倒圆角"按钮，功能区出现"倒圆角"选项卡。

步骤 3　选取圆角的放置参考。在模型上选取图 3.12.3（a）所示的两条边线。

步骤 4　在"倒圆角"选项卡中单击"集"按钮，系统弹出倒圆角的设置界面，在该界面中单击"完全倒圆角"按钮。

步骤 5　设置完成后，单击"倒圆角"选项卡中的"完成"按钮，完成特征的创建。

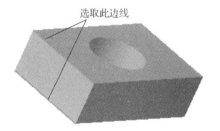

选取此边线

（a）完全倒圆角前

（b）完全倒圆角后

图 3.12.3　创建完全圆角

3. 自动倒圆角

通过使用自动倒圆角命令可以同时在零件的面组上创建多个恒定半径的倒圆角特征。下面通过图 3.12.4 所示的模型来介绍创建自动倒圆角的一般操作步骤。

步骤 1　设置工作目录，打开一个实体零件模型文件。

步骤 2　单击"模型"选项卡"工程"选项组中的"倒圆角"下拉按钮，在弹出的下拉列表中选择"自动倒圆角"选项，功能区出现"自动倒圆角"选项卡。

步骤 3 设置自动倒圆角的范围。在"自动倒圆角"选项卡中单击"范围"按钮，在弹出的"范围"界面中选中"实体几何"单选按钮，以及"凸边"和"凹边"复选框。

步骤 4 定义圆角大小。在"凸边"文本框中输入凸边的半径值 2.0，在"凹边"文本框中输入凹边的半径值 1.0。

步骤 5 单击"自动倒圆角"选项卡中的"完成"按钮，打开"自动倒圆角播放器"窗口，如图 3.12.4 所示。处理完成后单击"完成"按钮，完成自动倒圆角的创建，如图 3.12.5 所示。

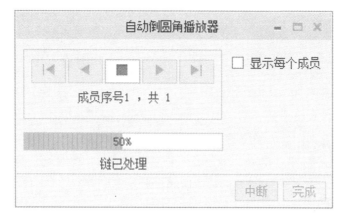

图 3.12.4 "自动倒圆角播放器"窗口

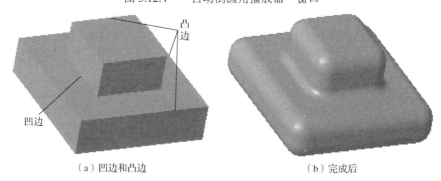

（a）凹边和凸边　　　　　　　　　　　（b）完成后

图 3.12.5 自动倒圆角的创建

3.13 孔 特 征

在 Creo 4.0 中，可以创建以下 3 种类型的孔特征。

1）直孔：具有圆截面的切口，它始于放置曲面并延伸到指定的终止曲面或用户定义的深度。

2）草绘孔：由草绘截面定义的旋转特征，锥形孔可作为草绘孔进行创建。

3）标准孔：具有基本形状的螺孔。它是基于相关的工业标准的，可带有不同的末端形状、标准沉孔和埋头孔。对于选定的紧固件，既可计算攻螺纹，又可计算间隙直径；既可利用系统提供的标准查找表，又可创建自己的查找表来查找这些直径。

1. 孔特征（直孔）的一般创建过程

下面说明添加图 3.13.1 所示的孔特征（直孔）的一般操作步骤。

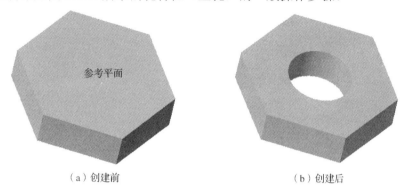

参考平面

（a）创建前　　　　　　　　（b）创建后

图 3.13.1　创建孔特征

步骤 1　设置工作目录，打开一个实体零件模型文件。

步骤 2　单击"模型"选项卡"工程"选项组中的"孔"按钮。

步骤 3　选取孔类型。完成上步操作后，功能区出现"孔"选项卡。直孔为系统默认的类型，可省略。如果要创建标准孔或草绘孔，可单击"创建标准孔"按钮或"草绘孔轮廓"按钮。

步骤 4　定义孔的放置。

01　定义孔放置的主参考。选取图 3.13.1（a）所示的端面为主参考，此时系统以当前默认值自动生成孔的轮廓。

02　定义孔放置的方向。单击"孔"选项卡中的"放置"按钮，弹出"放置"界面，单击"反向"按钮，可改变孔的放置方向。这里采用系统默认的孔的实体一侧方向。

03　定义孔的定位方式。单击"类型"文本框右侧的下拉按钮，在弹出的下拉列表中选择"线性"选项。

04　定义次参考及定位尺寸。单击"放置"界面"偏移参考"下的"单击此处添加项"按钮，然后选取 RIGHT 基准平面为第一线性参考，将距离设置为"对齐"；按住 Ctrl 键，可选取第二个参考 FRONT 基准平面，并将约束设置为"对齐"。

步骤 5　定义孔的直径及深度。在"孔"选项卡中输入直径值 40.0，单击文本框后的第一个下拉按钮，在弹出的下拉列表中选择深度类型为"穿透"。

步骤 6　单击"孔"选项卡中的"完成"按钮，完成特征的创建。

2. 螺孔的一般创建过程

以图 3.13.2 所示的模型介绍创建螺孔的一般操作步骤。

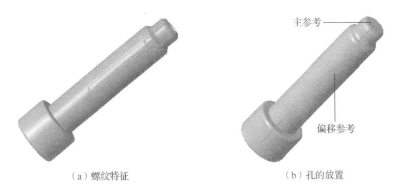

（a）螺纹特征   （b）孔的放置

图 3.13.2　创建螺纹

步骤1　设置工作目录，打开一个实体零件模型文件。

步骤2　单击"模型"选项卡"工程"选项组中的"孔"按钮，在出现的"孔"选项卡中单击"创建标准孔"按钮，界面转换为螺孔界面。

步骤3　定义孔的放置。单击"孔"选项卡中的"放置"按钮，弹出"放置"界面，选取主参考模型表面，同时按住 Ctrl 键选取一个基准轴作为偏移参考，此时系统默认放置类型为同轴。

步骤4　在"孔"选项卡中确认"添加沉头孔"按钮与"添加沉孔"按钮处于弹起状态；选择 ISO 螺孔标准，设置螺孔大小、深度类型和深度值。

步骤5　选择螺孔的结构类型和尺寸。在"孔"选项卡中单击"形状"按钮，在弹出的"形状"界面中，设置参数来定义孔的形状和尺寸。

步骤6　单击"孔"选项卡中的"完成"按钮，完成特征的创建。

3.14

抽 壳 特 征

壳特征是将实体的一个或几个表面去除，然后掏空实体的内部，留下一定壁厚的壳。在使用该命令时，特征的创建次序非常重要。

下面以图 3.14.1 所示的模型说明抽壳操作的一般操作步骤。

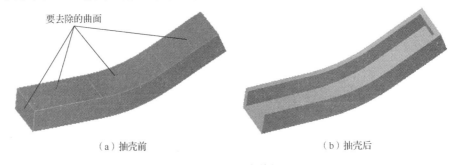

（a）抽壳前   （b）抽壳后

图 3.14.1　抽壳特征

步骤 1　设置工作目录，打开一个实体零件模型文件。

步骤 2　单击"模型"选项卡"工程"选项组中的"壳"按钮，功能区出现"壳"选项卡。

步骤 3　选取抽壳时要去除的实体表面。此时，在信息区提示"选择要从零件移除的曲面"，按住 Ctrl 键，选取要去除的多个表面。

步骤 4　定义壁厚。在"壳"选项卡中的"厚度"文本框中输入抽壳的壁厚值 10.0。

步骤 5　单击"壳"选项卡中的"完成"按钮，完成抽壳特征的创建。

筋（肋）特征

　　筋肋是用来加固零件的，也常用来防止出现不需要的折弯。筋特征的创建过程与拉伸特征的创建过程基本相似，不同的是，筋特征的截面草图是不封闭的，筋的截面只是一条直线。Creo 4.0 提供了两种筋特征的创建方法，分别是轨迹筋和轮廓筋。

1．轨迹筋

　　轨迹筋常用于加固塑料零件，通过在腔槽曲面之间草绘轨迹筋，或通过选取现有草绘来创建轨迹筋。

　　下面以图 3.15.1 所示的轨迹筋，说明轨迹筋特征创建的一般操作步骤。

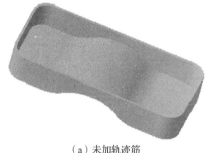

（a）未加轨迹筋　　　　　　　　　　　　　　（b）添加轨迹筋

3.15.1　轨迹筋

步骤 1　设置工作目录，打开一个实体零件模型文件。

步骤 2　单击"模型"选项卡"工程"选项组中的"筋"下拉按钮，在弹出的下拉列表中选择"轨迹筋"选项，功能区出现"轨迹筋"选项卡。

步骤 3　定义草绘截面放置属性。在"轨迹筋"选项卡的"放置"界面中单击"定义"按钮，在打开的"草绘"对话框中选取 DTM1 基准平面为草绘平面，选取 RIGHT 平面为参考平面，方向为"右"，然后单击"草绘"按钮，进入草绘环境。

步骤4 定义草绘参考。单击"草绘"选项卡"设置"选项组中的"参考"按钮，打开"参考"对话框，选取如图 3.15.2 所示的草绘参考，然后单击"关闭"按钮。

步骤5 绘制如图 3.15.3 所示的轨迹筋特征截面图形。完成绘制后，单击"草绘"选项卡"关闭"选项组中的"确定"按钮。

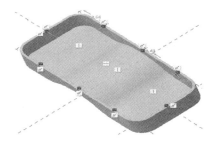

图 3.15.2 定义草绘参考图　　　　　　　　　图 3.15.3 特征截面图形

步骤6 定义材料的方向。在"轨迹筋"选项卡中单击"方向"按钮，使其向下。

步骤7 定义筋的厚度值为 5.0。

步骤8 单击"轨迹筋"选项卡中的"完成"按钮，完成筋特征的创建。

2．轮廓筋

轮廓筋是设计中连接到实体曲面的薄翼或腹板伸出项，一般通过定义两个垂直曲面之间的特征截面来创建轮廓筋。

下面以图 3.15.4 所示的筋特征为例，说明筋特征创建的一般操作步骤。

（a）添加筋特征前　　　　　　　　　　　（b）添加筋特征后

图 3.15.4 筋特征

步骤1 设置工作目录，打开一个实体零件模型文件。

步骤2 单击"模型"选项卡"工程"选项组中的"筋"下拉按钮，在弹出的下拉列表中选择"轮廓筋"选项，功能区出现"轮廓筋"选项卡。

步骤3 定义草绘截面放置属性。

01 在"轮廓筋"选项卡的"参考"界面中单击"定义"按钮，打开"草绘"对话框。

02 选取 RIGHT 平面为草绘平面。

03 选取 TOP 平面为草绘平面的参考平面，方向为"左"，单击"草绘"按钮，进入草绘环境。

步骤4 定义草绘参考。单击"草绘"选项卡"设置"选项组中的"参考"按钮，打开"参考"对话框，选取草绘参考，然后单击"关闭"按钮。

步骤5 绘制如图 3.15.5 所示的筋特征截面草图。完成绘制后，单击"草绘"选项卡"关闭"选项组中的"确定"按钮。

步骤6 定义材料的方向。在"轮廓筋"选项卡中单击"参考"界面中的"方向"按钮，使其箭头方向向内。

步骤7 定义筋的厚度值为 7.0。

步骤8 单击"轮廓筋"选项卡中的"完成"按钮，完成筋特征的创建。

图 3.15.5　筋特征截面草图

拔 模 特 征

注射件和铸件往往需要一个拔模斜面才能顺利脱模，Creo 4.0 的拔模（斜度）特征就是用来创建模型的拔模斜面。这里先介绍几个有关拔模的术语。

1）拔模曲面：要进行拔模的模型曲面。

2）枢轴曲线：拔模曲面可绕着一条曲线旋转而形成拔模斜面。这条曲线就是枢轴曲线，它必须在要拔模的曲面上。

3）拔模参考：用于确定拔模方向的平面、轴和模型的边。

4）拔模方向：拔模方向可用于确定拔模的正负方向，它总是垂直于拔模参考平面或平行于拔模参考轴或参考边。

5）拔模角度：拔模方向与生成的拔模曲面之间的角度。如果拔模曲面被分割，则可为拔模的每个部分定义两个独立的拔模角度。

6）旋转方向：拔模曲面绕枢轴平面或枢轴曲线旋转的方向。

7）分割区域：可对拔模曲面进行分割，然后为各区域分别定义不同的拔模角度和方向。

下面以图 3.16.1 所示的拔模特征为例，说明使用枢轴平面创建不分离的拔模特征的一般操作步骤。

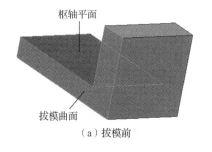
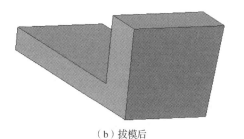

（a）拔模前　　　　　　　　　　　　　　（b）拔模后

图 3.16.1　拔模特征

步骤 1 设置工作目录，打开一个实体零件模型文件。

步骤 2 单击"模型"选项卡"工程"选项组中的"拔模"下拉按钮，在弹出的下拉列表中选择"可变拖拉方向拔模"选项，功能区出现"可变拖拉方向拔模"选项卡。

步骤 3 选取如图 3.16.1（a）所示的拔模曲面。

步骤 4 选取如图 3.16.1（a）所示的拔模枢轴平面。

01 在"可变拖拉方向拔模"选项卡中单击 按钮后的"单击此处添加项"。

02 选取如图 3.16.1（a）所示的拔模枢轴平面。

步骤 5 选取拔模的参考平面及改变拔模方向。一般情况下不进行此步操作，因为用户在选取拔模枢轴平面后，系统通常默认以拔模枢轴平面为拔模的参考平面；如果要重新选取拔模的参考平面，可进行如下操作。

01 在"可变拖拉方向拔模"选项卡中单击 按钮后的"选择 1 个项"，选取另一模型表面。

02 如果想要改变拔模方向，可单击"反向"按钮。

步骤 6 修改拔模角度及方向。在"可变拖拉方向拔模"选项卡中，输入新的拔模角度值，或动态地调整拔模角度和改变拔模角的方向。

步骤 7 单击"可变拖拉方向拔模"选项卡中的"完成"按钮，完成拔模特征的创建。

3.17　修 饰 特 征

修饰特征是在其他特征上绘制的复杂的几何图形，并能在模型上清楚地显示出来，如螺钉上的螺纹示意线。由于修饰特征也被认为是零件的特征，因此它们一般也可以重定义和修改。下面介绍几种修饰特征：螺纹、草绘和凹槽。

1. 螺纹修饰特征

修饰螺纹是表示螺纹直径的修饰特征。与其他修饰特征不同，螺纹修饰特征不能修改修饰螺纹的线性，并且螺纹也不会受到"环境"菜单中隐藏线显示设置的影响。螺纹以默认极限公差设置来创建。

修饰螺纹可以是外螺纹或内螺纹，也可以是不通的或贯通的。可通过指定螺纹小径或螺纹大径、起始曲面和螺纹长度或终止边来创建修饰螺纹。

这里以创建外螺纹修饰为例来介绍创建修饰螺纹的一般操作步骤。

步骤 1 设置工作目录，打开一个实体零件模型文件。

步骤 2 单击"模型"选项卡中的"工程"下拉按钮，在弹出的下拉列表中选择"修饰螺纹"选项，功能区出现"螺纹"选项卡。

步骤 3 选取要进行螺纹修饰的曲面。单击"螺纹"选项卡中的"放置"按钮，然后选取要进行螺纹修饰的曲面。

步骤 4 选取螺纹的起始曲面。单击"螺纹"选项卡中的"深度"按钮，在弹出的"深度"界面中选取螺纹起始曲面。

步骤 5 定义螺纹的长度方向、长度和螺纹小径。完成上步操作后，模型上显示螺纹深度方向箭头。箭头必须指向附着面的实体一侧，如方向错误，可以单击"反向"按钮反转方向。然后在"深度"文本框中输入螺纹深度值，在"直径"文本框中输入螺纹小径值。

步骤 6 定义螺纹螺距。在"节距"文本框中输入节距值。

步骤 7 编辑螺纹属性。完成上步操作后，单击"螺纹"选项卡中的"属性"按钮，弹出"属性"界面，用户可以通过此界面进行螺纹参数设置，并将设置好的参数文件保存，以便下次直接调用。

步骤 8 单击"螺纹"选项卡中的"预览"按钮，预览所创建的螺纹修饰特征（将模型显示换到线框状态，可看到螺纹示意线），如果定义的螺纹修饰特征符合设计意图，可单击"螺纹"选项卡中的"完成"按钮。

2．草绘修饰特征

草绘修饰特征被绘制在零件的曲面上。例如，产品的编号可绘制在零件的表面上。在进行有限元分析计算时，也可以利用草绘修饰特征定义"有限元"局部负荷区域的边界。

与其他特征不同，草绘修饰特征可以设置线体（包括线性和颜色）。特征的每个单独的几何段都可以设置不同的线体，其操作方法是：单击"模型"选项卡中的"工程"下拉按钮，在弹出的下拉列表中选择"修饰草绘"选项；在打开的"修饰草绘"对话框中选择草图平面，然后单击"草绘"按钮，即可进入草绘环境绘制修饰草图。

3．凹槽修饰特征

凹槽修饰特征是零件表面上凹下的绘制图形，它是一种投影类型的修饰特征。通过创建草绘图形并将其投影到曲面上即可创建凹槽，凹下的修饰特征是不定义深度的。并且要注意，凹槽特征不能跨越曲面边界。在数控加工中，应选取凹槽修饰特征来定义雕刻加工。单击"模型"选项卡中的"工程"下拉按钮，在弹出的下拉列表中选择"修饰槽"选项，即可创建修饰凹槽。

复 制 特 征

特征的复制命令用于创建一个或多个特征的副本。Creo 4.0 的特征复制包括镜像复制、平移复制和旋转复制，下面分别介绍它们的操作步骤。

1．镜像复制

特征的镜像复制是源特征相对于一个平面（这个平面称为镜像中心平面）进行镜像，

从而得到源特征的一个副本，如图 3.18.1 所示。镜像复制的操作步骤如下：

步骤 1 设置工作目录，打开一个实体零件模型文件。

步骤 2 选取要镜像的特征。在绘图区中的模型上选取要镜像复制的特征（或在模型树中选择特征），如图 3.18.1（a）所示。

步骤 3 选择镜像命令。单击"模型"选项卡"编辑"选项组中的"镜像"按钮，功能区出现"镜像"选项卡。

步骤 4 定义镜像中心平面。在"镜像"选项卡中，选取 RIGHT 基准平面为镜像中心平面。

步骤 5 单击"镜像"选项卡中的"完成"按钮，完成镜像操作，如图 3.18.1（b）所示。

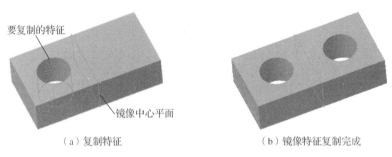

要复制的特征 ⎯⎯ 镜像中心平面

（a）复制特征　　　　　　　　　　　（b）镜像特征复制完成

图 3.18.1　镜像复制

2．平移复制

平移复制的操作步骤如下：

步骤 1 设置工作目录，打开一个实体零件模型文件。

步骤 2 选取要平移复制的特征。在绘图区中的模型上选取平移复制对象，或在模型树中选择特征。

步骤 3 选择平移复制命令。单击"模型"选项卡"操作"选项组中的"粘贴"下拉按钮，在弹出的下拉列表中选择"选择性粘贴"选项，打开"选择性粘贴"对话框。

步骤 4 在"选择性粘贴"对话框中选中"从属副本"和"对副本应用移动/旋转变换"复选框，然后单击"确定"按钮，功能区出现"移动（复制）"选项卡。

步骤 5 设置移动参数。单击"移动（复制）"选项卡中的"平移间距"按钮，选取基准平面为平移方向参考平面；在"移动（复制）"选项卡的文本框中输入平移的距离值，然后按 Enter 键确认。

步骤 6 单击"移动（复制）"选项卡中的"完成"按钮，完成平移复制操作。

3．旋转复制

同镜像复制和平移复制一样，旋转复制也需要具备复制移动所需的参考。旋转复制所需的参考可以是绕其转动的轴线、边线或坐标系的坐标轴等。旋转复制的操作步骤如下：

步骤 1 设置工作目录，打开一个实体零件模型文件。

步骤 2 选取要旋转复制的特征。在绘图区中的模型上选取旋转复制对象，或在模型树中选择特征。

步骤 3 选择旋转复制命令。单击"模型"选项卡"操作"选项组中的"粘贴"下拉按钮，在弹出的下拉列表中选择"选择性粘贴"选项，打开"选择性粘贴"对话框。

步骤 4 在"选择性粘贴"对话框中选中"从属副本"和"对副本应用移动/旋转变换"复选框，然后单击"确定"按钮，功能区出现"移动（复制）"选项卡。

步骤 5 设置移动参数。单击"移动（复制）"选项卡中的"参考轴"按钮，选取旋转参考轴，如图 3.18.2（a）所示；在"移动（复制）"选项卡的文本框中输入旋转角度值，然后按 Enter 键。

步骤 6 单击"移动（复制）"选项卡中的"完成"按钮，完成旋转复制操作，如图 3.18.2（b）所示。

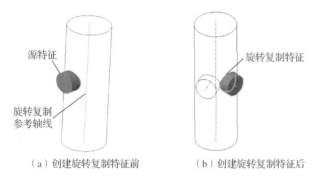

（a）创建旋转复制特征前　　　　　　　　（b）创建旋转复制特征后

图 3.18.2　旋转复制

3.19 阵列特征

特征的阵列命令用于创建一个特征的多个副本，阵列的副本称为实例。阵列可以是矩形阵列、斜一字形阵列和环形阵列。在阵列时，各个实例的大小也可以递增或递减变化。下面分别介绍其操作步骤。

1. 矩形阵列

下面介绍创建如图 3.19.1 所示的孔特征的矩形阵列的操作步骤。

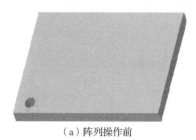

（a）阵列操作前　　　　　　　　（b）阵列操作后

图 3.19.1　创建矩形阵列

步骤1 设置工作目录，打开一个实体零件模型文件。

步骤2 在模型树中选取要阵列的孔特征右击，在弹出的快捷菜单中选择"阵列"选项，或者先选取要阵列的特征，然后单击"模型"选项卡"编辑"选项组中的"阵列"按钮，功能区出现"阵列"选项卡。

步骤3 选取阵列类型。在"阵列"选项卡的"选项"界面中单击"重新生成选项"下拉按钮，在弹出的下拉列表中选择"常规"选项。

步骤4 选择阵列控制方式。在"阵列"选项卡的"尺寸"界面中选择以"尺寸"方式控制阵列。

步骤5 选取第一方向、第二方向引导尺寸并给出增量（间距）值，如图3.19.2所示。

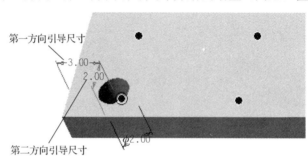

图3.19.2 阵列引导尺寸

01 在"阵列"选项卡中单击"尺寸"按钮，选取第一方向阵列引导尺寸3，再在"方向1"的"增量"文本框中输入8.0。

02 单击"方向"选项组中的"尺寸"下方的"单击此处添加项"字符，然后选取第二方向阵列引导尺寸2，再在"方向2"的"增量"文本框中输入5.0。

步骤6 给出第一方向、第二方向阵列的个数。在"阵列"选项卡第一方向的阵列个数文本框中输入4，在第二方向的阵列个数文本框中输入4。

步骤7 单击"阵列"选项卡中的"完成"按钮，完成阵列操作。

2．斜一字形阵列

创建如图3.19.3所示的斜一字形阵列。

 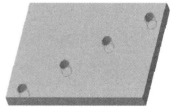

（a）阵列操作前　　　　　　　　　　（b）阵列操作后

图3.19.3 创建斜一字形阵列

步骤1 设置工作目录，打开一个实体零件模型文件。

步骤2 在模型树中选取要阵列的孔特征右击，在弹出的快捷菜单中选择"阵列"选项，或者先选取要阵列的特征，然后单击"模型"选项卡"编辑"选项组中的"阵列"按钮，功能区出现"阵列"选项卡。

步骤 3　选取阵列类型。在"阵列"选项卡的"选项"界面中单击"重新生成选项"下拉按钮，在弹出的下拉列表中选择"常规"选项。

步骤 4　选取引导尺寸，给出增量。在"阵列"选项卡中单击"尺寸"按钮，在弹出的"尺寸"界面中选取第一方向的第一引导尺寸 3，按住 Ctrl 键再选取第一方向的第二引导尺寸；在"方向 1"的"增量"文本框中输入第一引导尺寸的增量值 8.0 和第二引导尺寸的增量值 5.0。

步骤 5　在"阵列"选项卡第一方向的阵列个数文本框中输入 4。

步骤 6　单击"阵列"选项卡中的"完成"按钮，完成斜一字形阵列操作。

3．环形阵列

这里先介绍使用引导尺寸的方法来创建环形阵列（图 3.19.4）的操作方法。作为阵列前的准备，先创建一个圆盘形的特征，再添加一个孔特征。由于环形阵列需要有一个角度引导尺寸，因此在创建孔特征时，要选择"径向"选项来放置孔特征。

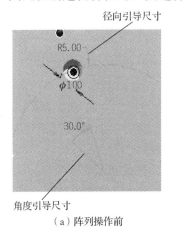

（a）阵列操作前　　　　　　　　　　　　（b）阵列操作后

图 3.19.4　创建环形阵列

对该孔特征进行环形阵列的操作步骤如下：

步骤 1　设置工作目录，打开一个实体零件模型文件。

步骤 2　在模型树中右击要阵列的孔特征，在弹出的快捷菜单中选择"阵列"选项，功能区出现"阵列"选项卡。

步骤 3　选取阵列类型。在"阵列"选项卡中单击"选项"界面中的"重新生成选项"下拉按钮，在弹出的下拉列表中选择"常规"选项。

步骤 4　选取引导尺寸，给出增量，如图 3.19.4（a）所示。

01　在"阵列"选项卡中单击"尺寸"按钮，选取角度引导尺寸 30°，输入角度增量值 60°。

02　单击"方向 2"选项组"尺寸"下方的"单击此处添加项"字符，选取径向引导尺寸 R5，输入径向增量值 2.0。

步骤 5 在"阵列"选项卡中输入第一方向的阵列个数 6 及第二方向的阵列个数 3。

步骤 6 设置完成后，单击"阵列"选项卡中的"完成"按钮，完成环形阵列操作。另外，还可以使用"轴"的方法来创建环形阵列，如图 3.19.5 所示。

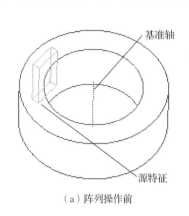 

（a）阵列操作前　　　　　　　　　　　　（b）阵列操作后

图 3.19.5　使用"轴"创建环形阵列

步骤 1 设置工作目录，打开一个实体零件模型文件。

步骤 2 单击模型树中的拉伸切削特征，在弹出的快捷菜单中选择"阵列"选项，功能区出现"阵列"选项卡。

步骤 3 选取阵列中心轴和阵列数目。

01 在"阵列"选项卡的"设置阵列类型"下拉列表中选择"轴"选项，再选取绘图区中模型的基准轴，如图 3.19.5（a）所示。

02 在"阵列"选项卡中的阵列数量文本框中输入 6，在增量文本框中输入角度增量值 60°。

步骤 4 单击"阵列"选项卡中的"完成"按钮，完成环形阵列操作。

4．删除阵列

删除阵列的操作方法如下：在模型树中单击任意一个阵列特征，在弹出的快捷菜单中选择"删除阵列"选项即可。

3.20　特征的成组

在阵列带孔特征或倒角特征的实体特征时，往往需要将实体特征和孔特征、倒角特征归成一个组，然后进行整体阵列操作。欲成组的多个特征在模型树中必须是连续的。

下面介绍创建组的一般操作步骤。

步骤 1 设置工作目录，打开一个实体零件模型文件。

步骤 2 按住 Ctrl 键，在模型树中选取几个特征。

步骤 3 单击"模型"选项卡中的"操作"下拉按钮，在弹出的下拉列表中选择"分组"选项，或直接右击在弹出的快捷菜单选择"分组"选项。此时，几个特征合并为组，至此完成组的创建。

3.21 扫 描 特 征

扫描特征是将一个截面沿着给定的轨迹"掠过"而生成的，所以也称"扫掠"特征。要创建或重定义一个扫描特征，必须给定两大特征要素，即扫描轨迹和扫描截面。

下面以图 3.21.1 所示的模型为例，介绍扫描特征的一般创建过程。

图 3.21.1 创建扫描特征

步骤 1 设置工作目录，打开一个实体零件模型文件。

步骤 2 绘制扫描轨迹曲线。

01 单击"模型"选项卡"基准"选项组中的"草绘"按钮，打开"草绘"对话框。

02 选取 TOP 平面作为草绘平面，选取 RIGHT 基准平面作为参考平面，方向为"右"，然后单击"草绘"按钮，进入草绘环境。

03 定义扫描轨迹的参考。这里接受系统给出的默认参考平面 FRONT 和 RIGHT。

04 绘制并标注扫描轨迹，如图 3.21.2 所示。

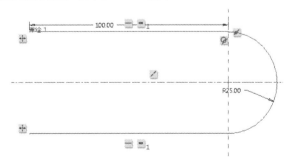

图 3.21.2 扫描轨迹曲线

创建扫描轨迹时应注意以下问题，否则扫描可能失败。

① 轨迹自身不能相交。

② 相对于扫描截面的大小，扫描轨迹中的弧或样条半径不能太小，否则扫描特征在经过该弧时会由于自身相交而出现特征生成失败。

05 绘制完成后，单击"草绘"选项卡"关闭"选项组中的"完成"按钮，退出草绘环境。

步骤3 选择扫描特征。单击"模型"选项卡"形状"选项组中的"扫描"按钮，功能区出现"扫描"选项卡。

步骤4 定义扫描轨迹。

01 在"扫描"选项卡中确认"扫描为实体"按钮和"恒定截面"按钮被按下。

02 在绘图区中选取图 3.21.2 所示的扫描轨迹曲线。

03 单击图 3.21.3 所示的箭头，切换扫描的起始点，切换后的扫描轨迹曲线如图 3.21.4 所示。

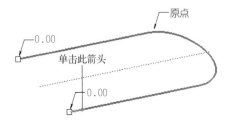

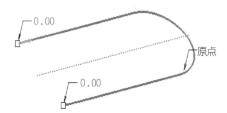

图 3.21.3 切换起点之前　　　　　　　　图 3.21.4 切换起点之后

步骤5 创建扫描特征的截面特征。

01 在"扫描"选项卡中单击"创建或编辑扫描截面"按钮，系统自动进入草绘环境。

02 定义截面的参考：此时系统自动以 L1 和 L2 为参考，使截面平行放置，如图 3.21.5 所示。

03 绘制并标注扫描截面的草图，如图 3.21.6 所示。

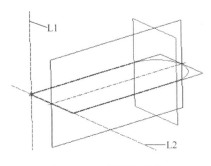

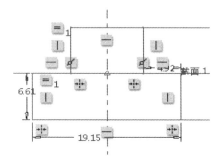

图 3.21.5 截面参考线　　　　　　　　图 3.21.6 扫描截面草图

04 完成截面的绘制和标注后，单击"草绘"选项卡"关闭"选项组中的"确定"按钮，退出草绘环境。

步骤6 单击"扫描"选项卡中的"完成"按钮，若打开"重新生成失败"对话框，则单击"确定"按钮创建失败的特征。失败的原因可从所定义的轨迹和截面两个方面来查找。

01 查找轨迹方面的原因：检查是不是弧或样条曲线的半径太小。

02 查找特征截面方面的原因：检查是不是截面轨迹起点太远，或截面尺寸太大。

步骤7 单击"扫描"选项卡中的"完成"按钮，完成如图 3.21.1 所示的扫描特征的创建。

混 合 特 征

将一组截面沿其边线用过渡曲面连接形成一个连续的特征，就是混合特征。混合特征至少需要两个截面。

下面以图 3.22.1 所示的混合特征为例，介绍创建混合特征的一般操作步骤。

步骤1 设置工作目录，打开一个实体零件模型文件。

步骤2 单击"模型"选项卡中的"形状"下拉按钮，在弹出的下拉列表中选择"混合"选项，功能区出现"混合"选项卡。

步骤3 定义混合类型。在"混合"选项卡中确认"混合为实体"按钮和"与草绘截面混合"按钮被按下。

步骤4 创建混合特征的第一个截面。

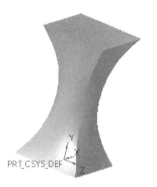

图 3.22.1　混合特征

01 单击"混合"选项卡中的"截面"按钮，在弹出的"截面"界面中选中"草绘截面"单选按钮，单击"定义"按钮，打开"草绘"对话框。

02 选取 TOP 基准平面为草绘平面，选取 RIGHT 基准平面为参考平面，方向为"右"，然后单击"草绘"按钮，进入草绘环境绘制如图 3.22.2 所示的截面草图。

03 绘制完成后单击"草绘"选项卡"关闭"选项组中的"确定"按钮，退出草绘环境。

步骤5 创建混合特征的第二个截面。

01 单击"混合"选项卡中的"截面"按钮，弹出"截面"界面。

02 在"截面"界面中定义"草绘平面位置定义方式"类型为"偏移尺寸"，偏移自"截面1"的偏移距离为50，然后单击"草绘"按钮，进入草绘环境。

03 绘制如图 3.22.3 所示的截面草图。

步骤6 将第二个截面（圆）切分为 4 个图元。

01 绘制两条中心线使其经过圆心与矩形的顶点。

02 单击"模型"选项卡"编辑"选项组中的"分割"按钮。

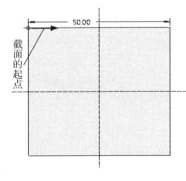

图 3.22.2　第一截面草图

03 分别在图 3.22.4 所示的 4 个位置选择 4 个点。

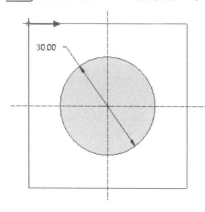

图 3.22.3　第二截面草图

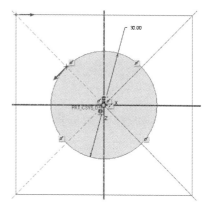

图 3.22.4　分割点

步骤 7　改变第二个截面的起点和起点的方向。

01 选择图 3.22.4 所示的点右击，在弹出的快捷菜单中选择"起点"选项。如果想改变起点处的箭头方向，选择起点右击，在弹出的快捷菜单中选择"起点"选项，结果如图 3.22.5 所示。

02 设置完成后，单击"草绘"选项卡"关闭"选项组中的"确定"按钮，退出草绘环境。

步骤 8　创建混合特征的第三个截面。

01 单击"截面"按钮，弹出"截面"界面。

02 单击"截面"界面中的"插入"按钮，定义"草绘平面位置定义方式"类型为"偏移尺寸"，偏移自"截面 2"的偏移距离为 50，然后单击"草绘"按钮，进入草绘环境。

03 绘制如图 3.22.6 所示的截面草图，然后单击"草绘"选项卡"关闭"选项组中的"确定"按钮，退出草绘环境。

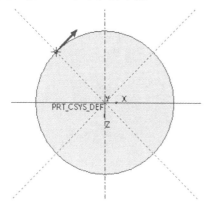

图 3.22.5　定义截面起点

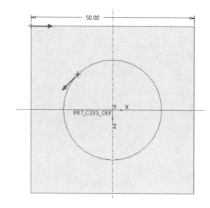

图 3.22.6　第三截面草图

步骤 9　在"混合"选项卡"选项"界面中的"混合曲面"选项组中选中"平滑"单选按钮。

步骤 10　单击"混合"选项卡中的"完成"按钮，完成特征的创建。

3.23

螺旋扫描特征

将一个截面沿着螺旋轨迹线进行扫描，可形成螺旋扫描特征。

下面以图 3.23.1 所示的螺旋扫描特征为例，介绍创建螺旋扫描特征的一般操作步骤。

步骤 1 设置工作目录，新建一个实体零件模型文件。

步骤 2 选择命令。单击"模型"选项卡"形状"选项组中的"扫描"下拉按钮，在弹出的下拉列表中选择"螺旋扫描"选项，功能区出现"螺旋扫描"选项卡。

步骤 3 定义螺旋扫描轨迹。

01 在"螺旋扫描"选项卡中确认"扫描为实体"按钮和"使用右手定则"按钮已被按下。

图 3.23.1 创建螺旋扫描特征

02 单击"螺旋扫描"选项卡中的"参考"按钮，在弹出的"参考"界面中单击"定义"按钮，打开"草绘"对话框。

03 选取 FRONT 基准平面作为草绘平面，选取 RIGHT 基准平面作为参考平面，方向为向"右"，然后单击"草绘"按钮，进入草绘环境，绘制如图 3.23.2 所示的螺旋扫描轨迹草图。

04 单击"草绘"选项卡"关闭"选项组中的"确定"按钮，退出草绘环境。

步骤 4 定义螺旋节距。在"螺旋扫描"选项卡中的 文本框中输入节距值 20，然后按 Enter 键。

步骤 5 创建螺旋扫描特征的截面。在"螺旋扫描"选项卡中单击"创建或编辑扫描截面"按钮，进入草绘环境，绘制和标注如图 3.23.3 所示的截面——圆，然后单击"草绘"选项卡"关闭"选项组中的"确定"按钮，退出草绘环境。

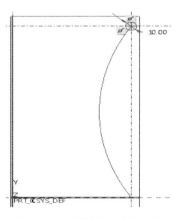

图 3.23.2 螺旋扫描轨迹线

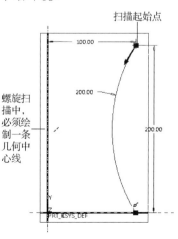

图 3.23.3 截面草图

步骤 6 单击"螺旋扫描"选项卡中的"完成"按钮，完成螺旋扫描特征的创建。

3.24

特征的重新排序及插入操作

在对零件进行抽壳时，零件中特征的创建顺序非常重要。如果各特征的顺序安排不当，抽壳特征会生成失败，有时即使能生成抽壳特征，结果也不会符合设计的要求。读者可进行操作验证。

设置工作目录，打开一个零件模型文件，如图 3.24.1 所示。

图 3.24.1　零件模型

模型的底部裂开了一条缝。显然这不符合设计意图。之所以会出现这样的问题，是因为圆角特征和抽壳特征的顺序安排不当，解决办法是将倒圆角调整到抽壳特征的前面。这种特征顺序的调整就是特征的重新排序。

1．特征的重新排序操作

这里以图 3.24.1 所示的零件为例，介绍特征重新排序的操作步骤。如图 3.24.2 所示，在零件的模型树中单击"倒圆角 1"特征，按住鼠标左键不放并拖动鼠标，拖至"壳 1"特征的上方，释放鼠标左键，这样零件的倒圆角特征就调整到抽壳特征的前面了。

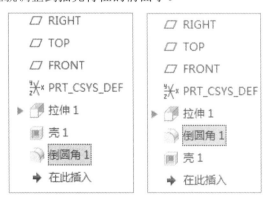

图 3.24.2　特征的重新排序

2．特征的插入操作

在建立一个三维模型的过程中，当所有的特征完成后，如果还需要添加其他的特征，并且要求所添加的特征位于某两个已有特征之间，此时可利用特征的插入功能来满足这一要求。下面以创建图 3.24.3 所示的旋转切削特征为例，介绍其操作步骤。

步骤 1　设置工作目录，打开一个实体零件模型文件。

步骤 2　在模型树中，将特征插入符号"在此插入"从尾部拖至倒角特征的上方、旋转特征的下方，如图 3.24.4 所示。

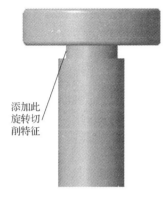

图 3.24.3　切削旋转特征　　　　　　图 3.24.4　特征的插入特征

步骤 3　单击"模型"选项卡"形状"选项组中的"旋转"按钮，创建旋转切削特征，截面草图的尺寸如图 3.24.5 所示。

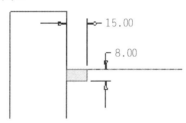

图 3.24.5　截面草图

步骤 4　完成旋转切削特征创建后，再将插入符号"在此插入"拖至模型树的底部。

3.25 特征生成失败及其解决方法

在创建或重定义特征时，由于给定的数据不当或参考的丢失，会出现特征生成失败。本小节主要介绍特征生成失败的原因和特征生成失败的解决方法。

1. 特征生成失败的原因

这里以一个简单模型（图 3.25.1）为例进行说明。

图 3.25.1　实体模型

步骤 1　设置工作目录，打开一个实体零件模型文件。

步骤 2　在模型树中，单击"倒圆角"特征，在弹出的快捷菜单中选择"编辑定义"选项，功能区出现"倒圆角"选项卡。

步骤 3　重新编辑倒圆角的半径值。在"倒圆角"选项卡中的半径文本框中重新输入半径值 5.0，然后按 Enter 键。

步骤 4　在"倒圆角"选项卡中单击"完成"按钮，打开如图 3.25.2 所示的"重新生成失败"对话框，此时模型树中的模型文件名以红色高亮显示。该特征的拉伸特征值为 3，重定义后，圆角尺寸大于实体尺寸，给定数据不当，所以出现特征生成失败。

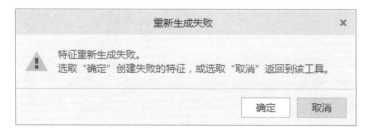

图 3.25.2　特征生成失败提示

2．特征生成失败的解决方法

方法 1　取消改变。

在图 3.25.2 所示的"重新生成失败"对话框中单击"取消"按钮。

方法 2　删除特征。

取消特征生成后，在模型树中右击"倒圆角"特征，在弹出的快捷菜单中选择"删除"选项，然后在打开的"删除"对话框中单击"确定"按钮。

方法 3　重定义特征。

在图 3.25.2 所示的"重新生成失败"对话框中单击"确定"按钮，在模型树中单击"倒圆角"特征，然后在弹出的快捷菜单中选择"编辑定义"选项，重新定义圆角的半径值。

方法 4 修剪隐含特征。

在图 3.25.2 所示的"重新生成失败"对话框中单击"确定"按钮。在模型树中右击"倒圆角"特征，在弹出的快捷菜单中选择"隐含"选项，然后在打开的"隐含"对话框中单击"确定"按钮。

至此，特征生成失败的原因及其解决方法已介绍完，如果想进一步解决被隐含的特征，可右击隐含的特征，在弹出的快捷菜单中选择"恢复"选项，那么系统再次进入特征的"失败模式"，可参考上面介绍的方法进行重新定义。

4 单元

装 配 设 计

>>>>

◎ **单元导读**

　　一个产品往往是由多个零件组合（装配）而成的，零件的组合是在装配模块中完成的。装配是指将零件通过一定的约束关系和相互配合等操作放置在组件中。Creo 4.0 支持大型、复杂组件的构建和管理。本单元主要介绍装配约束设置、在装配体中复制和阵列，以及镜像元件、创建装配剖面和爆炸视图等。通过本单元的学习，可以了解产品装配的一般过程，掌握一些基本的装配技能。

◎ **能力目标**

　　◆ 掌握创建装配界面的方法。

　　◆ 了解装配的基本装配约束。

　　◆ 掌握装配中元件的管理方法。

　　◆ 掌握剖面和爆炸视图的创建过程。

　　◆ 能将零件按照装配关系进行装配。

　　◆ 通过讨论创建装配过程及基本装配约束命令的使用方法和注意事项，掌握创建装配的一般过程。

◎ **思政目标**

　　◆ 树立正确的学习观、价值观，自觉践行行业道德规范。

　　◆ 牢固树立质量第一、信誉第一的强烈意识。

　　◆ 遵规守纪，安全生产，爱护设备，钻研技术。

创建装配界面

Creo 4.0 的装配需要在单独的装配界面进行操作，所以我们要进行装配界面的创建。

步骤 1　打开 Creo 4.0，单击"主页"选项卡"数据"选项组中的"选择工作目录"按钮，在打开的"选择工作目录"对话框中选择文件要保存的位置，然后单击"确定"按钮。

步骤 2　单击"主页"选项卡"数据"选项组中"新建"按钮，打开"新建"对话框。在"类型"选项组中选中"装配"单选按钮，在"名称"文本框中可以修改文件的名称，取消选中"使用默认模板"复选框，如图 4.1.1 所示。

步骤 3　单击"确定"按钮，打开"新文件选项"对话框。在"模板"列表框中选择模板，一般选择"mmns_asm_design"公制单位模板，长度单位是 mm，如图 4.1.2 所示。

步骤 4　单击"确定"按钮，进入装配界面。

图 4.1.1　"新建"对话框　　　　图 4.1.2　"新文件选项"对话框

创建好装配界面后，调取所要装配的零件。

步骤 1　在"模型"选项卡的"元件"选项组中，单击"组装"按钮，在打开的"打开"对话框中选取零件。单击"预览"按钮可查看零件是否正确，如图 4.1.3 所示，选取正确的零件后单击"打开"按钮。

步骤 2　在"元件放置"选项卡中，单击"设置关系类型"下拉按钮，在弹出的下拉列表中会列出所有的约束。由于第一个元件为装配项，选择"默认"选项，如图 4.1.4 所示，将元件放置在坐标中心。再选取其他元件，灵活地设置约束条件。

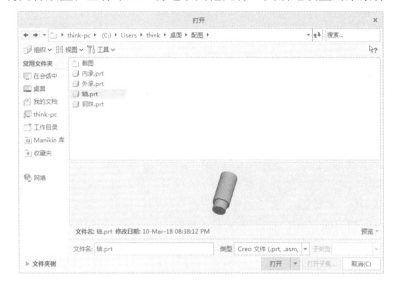

图 4.1.3　选取零件　　　　　　　　　　　　　　　图 4.1.4　约束列表

基本装配约束

在 Creo 4.0 装配环境中，通过定义装配约束，可以指定一个元件相对于装配体（组件）中其他元件（或特征）的放置方式和位置。一个元件通过装配约束添加到装配体后，它的位置会随着与其有约束关系的元件的改变而相应地改变，而且约束设置值作为参数可随时修改，这样整个装配体实际上是一个参数化的装配体。装配约束的类型包括距离约束、角度偏移约束、平行约束和重合约束等。

1. 距离约束

使用距离约束可以定义两个装配元件的点、线和面之间的距离值。约束对象可以是元件中的平整表面、边线、顶点、基准点、基准平面和基准轴，所选对象不必是同一种类型，如可以定义一条直线与一个面之间的距离。在模型上单击约束对象，当约束对象是两个平面时，两个平面平行，如图 4.2.1 所示；当约束对象是两条直线时，两条直线平行；当约束对象是一条直线与一个平面时，直线与平面平行。在"元件放置"选项卡中，单击"设置关系类型"下拉按钮，在弹出的下拉列表中（图 4.1.4）选择"距离"选项。单击"放置"按钮，弹出"放置"界面，再根据要求的参数，在"放置"界面的"偏移"文本框输入相应的数据即可，如图 4.2.2 所示。

图 4.2.1　距离约束两个平面

图 4.2.2　设定"距离"约束参数

2．角度偏移约束

使用角度偏移约束可以定义两个装配元件之间的角度，也可以约束线与线、线与面之间的角度。先在"放置"界面中设定参数，单击"元件放置"选项卡中的"设置关系类型"下拉按钮，在弹出的下拉列表中（图 4.1.4）选择"角度偏移"选项，再在装配项和元件项上单击要生成夹角的两个面，之后根据要求的参数，在"放置"界面的"偏移"文本框中输入相应的度数，如图 4.2.3 所示。设置完成后，两个零件便会产生相应的夹角，如图 4.2.4 所示。

图 4.2.3　设定"角度偏移"约束参数

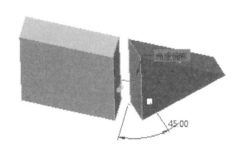

图 4.2.4　角度偏移约束两平面

3．平行约束

使用平行约束可以定义两个装配元件中的平面平行，如图 4.2.5 所示，也可以约束线与线及线与面平行。其效果与距离约束相似，只是少了距离参数设置。参数设置如图 4.2.6 所示。

图 4.2.5　平行约束两个平面

图 4.2.6　设定"平行"约束参数

4．重合约束

要达到正确无误的装配，每个零件要进行多种约束，并且在进行新的约束时要新建约束。以下是在距离约束的前提下，进行重合约束。在"放置"界面中（图 4.2.2）单击"新建约束"按钮，就会生成新的集，如图 4.2.7 所示。

图 4.2.7　新建约束

重合约束可以定义两个装配元件中的点、线和面重合。约束的对象可以是实体的顶点、边线和面，可以是基准特征，也可以是具有中心轴线的旋转面（柱面、锥面和球面等）。

在装配项上单击要重合的曲面（或轴），再在元件项上单击相应重合的曲面（或轴），两个零件就会自动重合，也会自动生成"重合"参数，如图 4.2.8 和图 4.2.9 所示。

图 4.2.8　重合约束两个曲面

图 4.2.9　设定"重合"约束参数

5．法向约束

使用法向约束可以定义两元件中的直线或平面垂直。图 4.2.10 和图 4.2.11 所示为约束两个平面垂直。

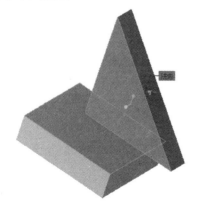

图 4.2.10　法向约束两个平面

图 4.2.11　设定"法向"约束参数

6．共面约束

使用共面约束可以使两元件中的两条线或基准轴处于同一平面。图 4.2.12 和图 4.2.13 所示为约束两条棱线共面。

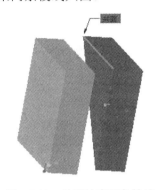

图 4.2.12　共面约束两条棱线　　　　图 4.2.13　设定"共面"约束参数

7．居中约束

使用居中约束可以控制两坐标系的原点相重合，但各坐标轴不重合，因此两零件可以绕重合的原点进行旋转。当选择两柱面"居中"时，两柱面的中心轴将重合。

8．相切约束

使用相切约束可以控制两个曲面相切。在装配项和元件项上单击要相切的两个曲面，如图 4.2.14 所示。单击"元件放置"选项卡中的"设置关系类型"下拉按钮，在弹出的下拉列表中选择"相切"选项，再在"放置"界面中设定参数，如图 4.2.15 所示。

图 4.2.14　相切约束两个曲面　　　　图 4.2.15　设定"相切"约束参数

9．固定约束

使用固定约束可以将元件固定在绘图区的当前位置。当向装配环境中引入第一个元件时，也可对该元件实施这种约束形式。

10．默认约束

默认约束也称为缺省约束，使用该约束可以将元件上的默认坐标系与装配环境的默认坐标系对齐。当向装配环境中引入第一个元件时，常常对该元件实施这种约束形式。

4.3 元件的管理

在 Creo 4.0 中，装配图中元件的管理是指对指定的元件进行复制、重复、阵列、镜像、移动、替换及连接装配元件等操作，以上操作都是在零件装配界面进行的。

4.3.1　复制装配元件

在 Creo 4.0 中，用户可以根据需要对元件进行复制处理。如图 4.3.1 所示，在未完成的组装中，使用"复制"命令给平面剩余的两个圆孔安装相同的螺栓。

步骤 1　在"模型"选项卡的"元件"选项组中，单击"元件"下拉按钮，在弹出的下拉列表中选择"元件操作"选项，如图 4.3.2 所示。

图 4.3.1　复制前的图形　　　　图 4.3.2　选择"元件操作"选项

步骤 2　在弹出的"元件"菜单管理器中，选择"复制"选项，如图 4.3.3 所示。弹出"得到坐标系"菜单管理器，如图 4.3.4 所示。

图 4.3.3　选择"复制"选项　　　　图 4.3.4　"得到坐标系"菜单管理器

步骤 3　单击视觉控制工具栏中的"基准显示过滤器"下拉按钮，在弹出的下拉列表中选中"坐标系显示"复选框，如图 4.3.5 所示。单击螺栓上的坐标轴，其颜色变为绿色则表示已选中，如图 4.3.6 所示。

图 4.3.5　选中"坐标系显示"复选框　　　　　图 4.3.6　选中坐标轴

步骤 4　选择图 4.3.4 所示菜单管理器中的"复制"选项，然后在左侧"模型树"选项卡中单击要复制的元件名称，打开"选择"对话框，如图 4.3.7 所示。单击螺栓的文件名"TSM_2.PRT"，如图 4.38 所示，再单击"选择"对话框中的"确定"按钮。

图 4.3.7　"选择"对话框　　　　　　　　图 4.3.8　单击元件名

步骤 5　弹出"平移方向"菜单管理器，如图 4.3.9 所示，从图中可以看出有 X 轴、Y 轴、Z 轴 3 个坐标方向。根据复制元件所要移动的方向选择相对应的坐标方向，这里是 Z 轴负半轴方向移动，所以选择图 4.3.9 中的"Z 轴"选项。在弹出的"输入平移的距离 z 方向"文本框中输入两个孔之间的距离"-36"，如图 4.3.10 所示，然后单击"确定"按钮。

图 4.3.9　"平移方向"菜单管理器　　　　　图 4.3.10　输入距离

步骤 6 在弹出的"退出"菜单管理器中，选择"完成移动"选项，如图 4.3.11 所示。在弹出的"输入沿这个复合方向的实例数目"文本框中，输入要复制的数目，即最终元件显示的所有个数，这里输入数字"3"，如图 4.3.12 所示，然后单击"确定"按钮。

图 4.3.11　"退出"菜单管理器　　　　　　　图 4.3.12　输入数目

步骤 7 在弹出的"退出"菜单管理器中，选择"完成"选项，如图 4.3.13 所示。在弹出的"元件"菜单管理器中，选择"完成/返回"选项，如图 4.3.14 所示，即可完成元件的复制，效果如图 4.3.15 所示。

图 4.3.13　选择"完成"选项　　　　　　　图 4.3.14　选择"完成/返回"选项

图 4.3.15　完成元件的复制

4.3.2　重复装配元件

重复装配元件处理的效果和复制效果类似，但比复制更加快捷和方便。

步骤 1　在图 4.3.1 的基础下进行螺栓的重复，在左侧"模型树"选项卡中单击螺栓的文件名"TSM_2.PRT"，如图 4.3.8 所示。在"模型"选项卡的"元件"选项组中，单击"重复"按钮，如图 4.3.16 所示。

步骤 2　打开"重复元件"对话框，在"可变装配参考"列表框中选择"重合"一行，因为螺栓和孔是通过"重合"进行约束的。然后单击"添加"按钮，如图 4.3.17 所示。

图 4.3.16　单击"重复"按钮　　　　图 4.3.17　"重复元件"对话框

步骤 3　单击装配图中装配项中的剩余孔的孔壁，如图 4.3.18 所示，便可生成完全一样的螺栓，如图 4.3.19 所示。再单击最后一个孔的孔壁，就可以完成重复装配，如图 4.3.15 所示。最后单击图 4.3.17 所示"重复元件"对话框中的"确定"按钮，即可完成重复装配元件的操作。

图 4.3.18　单击孔壁

图 4.3.19　完成元件的重复

4.3.3 阵列装配元件

在装配环境下，可以使用阵列的方式来装配有规则排列的多个相同元件。

步骤1 创建一个模型文件，如图 4.3.20 所示，进行钢珠的阵列。在左侧"模型树"选项卡中单击钢珠的文件名"钢珠.PRT"，如图 4.3.21 所示。

图 4.3.20　创建模型　　　　　　　　　　　　图 4.3.21　选中元件

步骤2 在"模型"选项卡中的"修饰符"选项组中单击"阵列"按钮，如图 4.3.22 所示，在功能区出现"阵列"选项卡。在"阵列"选项卡中，单击最左端的下拉按钮设置阵列类型。因为这是圆形阵列，所以选择下拉列表中的"轴"选项进行轴阵列，如图 4.3.23 所示。然后单击元件的中心轴，如图 4.3.24 所示。

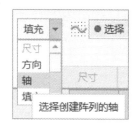

图 4.3.22　单击"阵列"按钮　　　　　　　　图 4.3.23　设置阵列类型

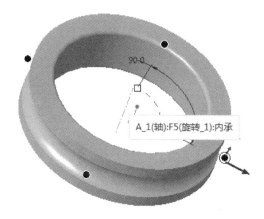

图 4.3.24　单击元件的中心轴

步骤3 在如图 4.3.25 所示的"阵列"选项卡的文本框中设置元件被阵列的数目"10"

和角度"36.0",然后单击如图 4.3.26 所示的"完成"按钮完成阵列操作,完成效果如图 4.3.27 所示。

图 4.3.25 输入数目和角度   图 4.3.26 单击"完成"按钮

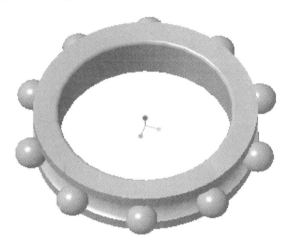

图 4.3.27 完成元件的阵列

4.3.4 镜像装配元件

在装配模式下,镜像元件其实就是通过镜像的方式来创建一个新的元件。

步骤 1 创建一个模型文件,如图 4.3.28 所示,对方柱进行"镜像"操作。在"模型"选项卡中的"元件"选项组中单击"镜像元件"按钮,如图 4.3.29 所示。

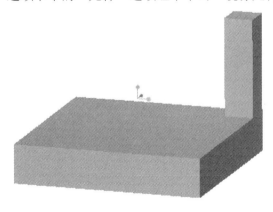 

图 4.3.28 创建模型   图 4.3.29 "镜像元件"按钮

步骤 2 打开"镜像元件"对话框,如图 4.3.30 所示。在模型上单击要被镜像的元件,再单击一个平面,对话框会自动确认选中的元件和镜像平面,如图 4.3.31 所示。单击"确定"按钮,方柱镜像完成,完成效果如图 4.3.32 所示。

图 4.3.30 "镜像元件"对话框   图 4.3.31 确认元件和镜像平面

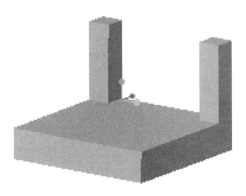

图 4.3.32 完成元件的镜像

4.3.5 移动装配元件

在装配元件的过程中，当元件的放置状态不是完全约束时，可以适当地移动元件，并调整其位置，以便在装配时选取组件参考和元件参考。在装配界面中，当打开或调用一个元件时，元件上会显示一个三维拖动器，如图 4.3.33 所示。单击拖动器的任意一轴，并拖动鼠标，该元件就会沿着该轴方向移动；单击拖动器的中心点并拖动鼠标，该元件就在任意方向移动，效果如图 4.3.34 所示。当拖动到合适位置，不想显示这个三维拖动器时，可在功能区的"元件放置"选项卡中单击 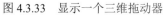 图标。

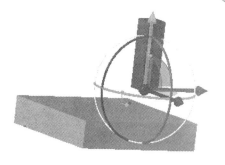

图 4.3.33 显示一个三维拖动器

图 4.3.34 移动装配元件

除了上述方法可以移动元件外，用户还可以在按住 Ctrl+Alt 组合键的同时右击，然后通过移动鼠标来移动元件。

4.4

创建剖面和爆炸视图

在 Creo 4.0 中，除了可以设置装配的约束和管理元件外，还可以创建相应的装配剖面和爆炸视图。

1. 创建单一剖面

用户可以根据需要创建单一的装配剖面。

步骤 1　在装配界面中打开一模型文件（此类文件是在前面练习时保存的文件，或经过学习可建立的文件），如图 4.4.1 所示，在此模型上进行轴向剖面创建。在"视图"选项卡的"模型显示"选项组中，单击"管理视图"下拉按钮，在弹出的下拉列表中选择"视图管理器"选项，如图 4.4.2 所示。

图 4.4.1 打开一个模型

图 4.4.2 选择"视图管理器"选项

步骤2 在打开的"视图管理器"对话框中，选择"截面"选项卡，然后单击"新建"下拉按钮，在弹出的下拉列表中选择"平面"选项，如图 4.4.3 所示。此时系统自动创建一个剖面，如图 4.4.4 所示，单击鼠标中键或按 Enter 键，功能区出现"截面"选项卡。

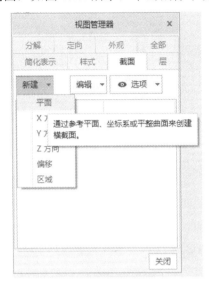

图 4.4.3 创建平面截面

图 4.4.4 完成截面创建

步骤3 在模型上选择要创建的截面，单击截面即可创建剖面，如图 4.4.5 所示。在"截面"选项卡中单击"完成"按钮✔，返回到"视图管理器"对话框，单击"关闭"按钮，即可创建单一装配剖面，效果如图 4.4.6 所示。

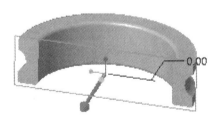

图 4.4.5 选择并单击截面

图 4.4.6 创建单一装配剖面

2. 创建偏移剖面

用户可以根据需要创建偏移的装配剖面。

步骤1 创建偏移装配剖面的操作和创建单一剖面的操作类似。在图 4.4.3 所示的"新建"下拉列表中选择"偏移"选项，此时系统自动创建一个剖面，单击鼠标中键或按 Enter 键，功能区出现"截面"选项卡。在模型上选择并单击一平面，进入草绘环境。单击"草绘"选项卡中的相应绘图工具按钮，绘制草绘截面，如图 4.4.7 所示。

步骤2 单击"草绘"选项卡"关闭"选项组中的"确定"按钮，完成截面绘制并退出草绘环境。在"截面"选项卡中单击"完成"按钮，返回到"视图管理器"对话框，单击"关闭"按钮，即可创建偏移装配剖面，效果如图 4.4.8 所示。

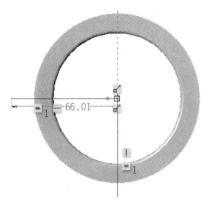

图 4.4.7 绘制草绘截面　　　　　　图 4.4.8 创建偏移装配剖面

3．创建爆炸视图

爆炸视图又称为分解视图，是指将装配好的零部件拆散后形成的视图。创建爆炸视图有助于直观地了解产品内部结构和零部件之间的关系。

步骤1 在装配界面中打开一装配好的模型文件，如图 4.4.9 所示。

图 4.4.9 打开模型文件

步骤2 在"模板"选项卡的"模型显示"选项组中单击"分解视图"按钮，即可创建爆炸视图，如图 4.4.10 所示。再次单击"分解视图"按钮，可将爆炸视图还原。

图 4.4.10 创建爆炸视图

5
单元

工程图的创建

>>>>>

◎ **单元导读**

在产品的研发、设计、制造等过程中，参与者需要经常进行交流和沟通，而工程图是常用的交流工具，因此工程图制作是产品设计过程中的重要环节。本单元将介绍工程图模块的基本知识。

◎ **能力目标**

◆ 认识工程图模块。

◆ 掌握工程图的视图创建与编辑方法。

◆ 掌握尺寸的创建与编辑方法，以及注解文本的创建方法。

◆ 掌握工程图中基准、几何公差和表面粗糙度的标注方法。

◆ 能根据已有的三维图进行工程图的创建。

◆ 通过讨论工程图命令的使用方法和注意事项，掌握创建工程图的一般方法。

◎ **思政目标**

◆ 树立正确的学习观、价值观，自觉践行行业道德规范。

◆ 牢固树立质量第一、信誉第一的强烈意识。

◆ 遵规守纪，安全生产，爱护设备，钻研技术。

5.1

工程图的模块介绍

使用 Creo 4.0 的工程图模块，可创建 Creo 4.0 三维模型的工程图，可以用注释来解释工程图、处理尺寸，以及使用层来管理不同项目的显示等。工程图中的所有视图都是相关的，如改变一个视图中的尺寸值，系统就相应地更新其他工程图视图。

工程图模块还支持多个页面，允许定制带有草绘几何的工程图和工程图格式等。另外，还可以利用有关的接口命令，将工程图文件输出到工程图模块中。

5.1.1　进入工程图模块

步骤1　打开 Creo 4.0，单击"主页"选项卡"数据"选项组中的"新建"按钮。

步骤2　在打开的"新建"对话框中进行下列操作。

01　选中"类型"选项组中的"绘图"单选按钮。

注意

在这里不要将"草绘"和"绘图"相混淆。

02　在"名称"文本框输入工程图的文件名，如 down-base（可修改）。

03　取消选中"使用默认模板"复选框，不使用默认的模板。

04　单击"确定"按钮。

步骤3　在打开的如图 5.1.1 所示的"新建绘图"对话框中进行下列操作。

图 5.1.1　"新建绘图"对话框

01 在"默认模型"选项组中选取要对其生成工程图的零件或装配模型。一般系统会自动选取当前活动的模型，如果要选取活动模型以外的模型，可单击"浏览"按钮，在打开的"打开"对话框中选择模型文件，如图 5.1.2 所示，然后单击"打开"按钮。

图 5.1.2 "打开"对话框

02 在"指定模板"选项组中选择工程图模板，该区域下有 3 个选项。

① "使用模板"选项：创建工程图时，使用某个工程图模板。

② "格式为空"选项：不使用模板，但使用某个图框格式。

③ "空"选项：既不使用模板，也不使用图框格式。

a. 如果选中了"使用模板"单选按钮，则需要进行下面的操作。

在"模板"选项组的列表框中选择某个模板或单击"浏览"按钮，在打开的"打开"对话框中选择其他某个模板，然后单击"打开"按钮将其打开。

b. 如果选中了"格式为空"单选按钮，则需要进行下面的操作。

在"格式"选项组中单击"浏览"按钮，在打开的"打开"对话框中选择某个格式文件，然后单击"打开"按钮将其打开。

在实际工作中，经常采用"格式为空"选项。

c. 如果选中了"空"单选按钮，则需要进行下面的操作。

如果图纸的幅面尺寸为标准尺寸（如 A2、A0），应先在"方向"选项组中单击"纵向"按钮或"横向"按钮，然后在"大小"选项组中选取图纸的幅面；如果图纸的尺寸为非标准尺寸，则应先在"方向"选项组中单击"可变"按钮，然后在"大小"选项组中输入图幅的高度尺寸和宽度尺寸及采用的单位。

03 单击"新建绘图"对话框中的"确定"按钮，系统即进入工程图模式（环境）。

5.1.2 工程图环境中的菜单简介

利用工程图中的工具栏命令按钮是启动实体特征命令最方便的方法。Creo 4.0 的工程图菜单主要由"布局""表""注释""草绘"等组成。

1）"布局"选项卡中的命令主要用来设置绘图模型、模型视图的放置及视图的线性显示等，如图 5.1.3 所示。

图 5.1.3 "布局"选项卡

2）"表"选项卡中的命令主要用来创建、编辑表格等，如图 5.1.4 所示。

图 5.1.4 "表"选项卡

3）"注释"选项卡中的命令主要用来添加尺寸及文本注释等，如图 5.1.5 所示。

图 5.1.5 "注释"选项卡

4）"草绘"选项卡中的命令主要用来在工程图中绘制及编制所需要的视图等，如图 5.1.6 所示。

图 5.1.6 "草绘"选项卡

5）"继承迁移"选项卡中的命令主要用来对所创建的工程图视图进行转换、创建匹配符号等，如图 5.1.7 所示。

图 5.1.7 "继承迁移"选项卡

6）"分析"选项卡中的命令主要用来对所创建的工程图视图进行测量、检查几何等，如图 5.1.8 所示。

图 5.1.8 "分析"选项卡

7）"审阅"选项卡中的命令主要用来对所创建的工程图视图进行更新、比较等，如图 5.1.9 所示。

图 5.1.9　"审阅"选项卡

8）"工具"选项卡中的命令主要用来对工程图进行调查、参数化设置等操作，如图 5.1.10 所示。

图 5.1.10　"工具"选项卡

9）"视图"选项卡中的命令主要用来对创建的工程图进行可见性、模型显示等操作，如图 5.1.11 所示。

图 5.1.11　"视图"选项卡

10）"框架"选项卡中的命令主要用来辅助创建视图、尺寸和表格等，如图 5.1.12 所示。

图 5.1.12　"框架"选项卡

5.1.3　创建工程图的步骤

步骤 1　通过新建一个工程图文件，进入工程图模块环境。

01　单击"主页"选项卡"数据"选项组中的"新建"按钮，打开"新建"对话框。

02　在"新建"对话框中，选择文件类型为"绘图"（即工程图）。

03　在"名称"文本框中输入文件名称，然后选择工程图模型及工程图图框格式或模板，设置完成后单击"确定"按钮，进入工程图模块环境。

步骤 2　创建视图。

01　创建主视图。

创建主视图的投影图（左视图、右视图、俯视图和仰视图）。

 如果有必要，可添加详细视图（即放大图）、辅助视图等。

 利用视图移动命令调整视图的位置。

 设置视图的显示模式，如视图中不可见的孔，可进行消隐或用虚线显示。

步骤 3 尺寸标注。

 显示模型尺寸，将多余的尺寸拭除。

 添加必要的草绘尺寸。

 添加尺寸公差。

 创建基准，进行几何公差标注，并标注表面粗糙度。

　　Creo 4.0 的中文简化汉字版和有些参考书，将 Drawing 翻译成"绘图"，本书则一律翻译成"工程图"。

5.2 创建与编辑视图

5.2.1 创建基本视图

　　图 5.2.1 所示为零件模型的工程图，本节先介绍其中的两个基本视图（主视图和投影视图）的一般创建步骤。

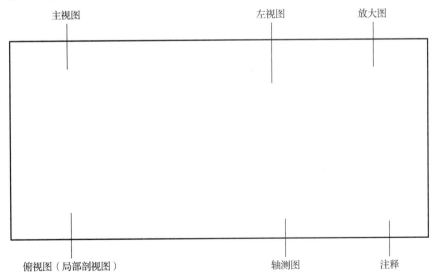

图 5.2.1 零件工程图

1．创建主视图

下面以图 5.2.2 所示的零件的主视图为例，说明创建主视图的操作步骤。

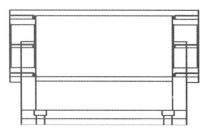

图 5.2.2　主视图

步骤 1　设置工作目录。选择"文件"→"管理会话"→"选择工作目录"选项，打开"选择工作目录"对话框，将工作目录设置到 D:\creo4.0\creo-course\ch05.02，然后单击"确定"按钮。

步骤 2　在"主页"选项卡的"数据"选项组中单击"新建"按钮，在打开的"新建"对话框中，选中"绘图"单选按钮，取消选中"使用默认模板"复选框，然后单击"确定"按钮。在打开的"新建绘图"对话框中选择三维模型 ch0502.prt 为绘图模型，本例选用"空"模板，图纸大小选用 A3，然后单击"确定"按钮，进入工程图模块。

步骤 3　使用命令。在绘图区中长按鼠标右键，在弹出的快捷单中选择"普通视图"选项。

>
>
> 　　在选择"普通视图"选项后，会打开"选择组合状态"对话框，直接单击"确定"按钮即可，不影响后序的操作。

>
>
> 　　① 还有一种进入"普通视图"（即"常规"）的方法，即单击"布局"选项卡"模型视图"选项组中的"普通视图"按钮。
>
> 　　② 如果在打开的"新建绘图"对话框中没有默认模型，也没有选取模型，那么在执行"普通视图"命令后，系统会打开一个文件"打开"对话框，让用户选择一个三维模型来创建其工程图。

步骤 4　在绘图区下方会提示"选择绘图视图的中心点"，此时，在屏幕绘图区选取一点。绘图区会出现系统默认方向的零件斜轴测图，并打开"绘图视图"对话框。

步骤 5　定向视图。视图的定向一般采用下面两种方法。

方法 1　采用参考进行定向。

01 定义放置参考 1。

① 在"绘图视图"对话框中选择"类别"列表框中的"视图类型"选项，在右侧"视图方向"选项组中选中"选择定向方法"中的"查看来自模型的名称"单选按钮，在"模

型视图名"列表框中选择"默认方向"选项，选中"选择定向方法"中的"几何参考"单选按钮。

　　② 单击对话框中的"参考 1"下拉按钮，在弹出的下拉列表中选择"前"选项，再选择图 5.2.3 中的模型表面 1。这一步的意义是将所选模型表面朝向前面，即与屏幕平行且面向操作者。

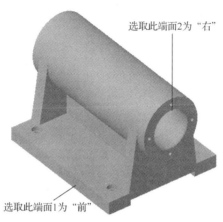

选取此端面2为"右"

选取此端面1为"前"

图 5.2.3　模型的定向

02　定义放置参考 2。

　　单击对话框中的"参考 2"下拉按钮，在弹出的下拉列表中选择"右"选项，再选取图 5.2.3 中的模型表面 2。这一步操作的意义是将所选模型表面朝向屏幕的右侧。此时模型按前面操作的方向要求，按图 5.2.2 所示的方位摆放在屏幕中。

> **说明**
>
> 　　如果此时希望返回到以前的默认状态，请选择对话框中"模型视图名"列表框中的"默认方向"选项。

03　单击"绘图视图"对话框中的"确定"按钮，关闭对话框。至此，就完成了主视图的创建。

　　方法 2　采用已保存的视图方位进行定向。

　　在模型的零件或装配环境中，可以很容易地将模型摆放在工程图视图所需的方位。

01　单击"视图"选项卡"模型显示"选项组中的"管理视图"下拉按钮，在弹出的下拉列表中选择"视图管理器"选项，打开"视图管理器"对话框。在"定向"选项卡中单击"新建"按钮，并命名新建视图为"V1"，然后选择"编辑"→"重新定义"选项。

02　在打开的"视图"对话框中的"方向"选项卡中，可以按照方法 1 中同样的操作步骤将模型在空间摆放好，然后依次单击"确定"按钮和"关闭"按钮。

03　在模型的零件或装配环境中保存了视图 V1 后，就可以在工程图环境中采用第二种方法定向视图。操作方法：在"绘图视图"对话框中找到视图名称 V1，则系统按 V1 的方位定向视图，单击"应用"按钮。

04　在"绘图视图"对话框中选择"类别"列表框中的"比例"选项，选中右侧的"自定义比例"单选按钮，并在文本框中输入比例值 1.0。

单击"绘图视图"对话框中的"确定"按钮，关闭对话框。至此，就完成了主视图的创建。

2．创建投影视图

在 Creo 4.0 中，可以创建投影视图，投影视图包括右视图、左视图、俯视图和仰视图。下面以创建左视图为例，介绍创建这类视图的一般操作步骤。

步骤1 选择图 5.2.4 所示的主视图，然后长按鼠标右键，在弹出的快捷菜单中选择"投影视图"选项。

> **说 明**
>
> 还有一种进入"投影视图"的方法，就是在"布局"选项卡的"模型视图"选项组中单击"投影视图"按钮。利用这种方法创建投影视图，必须先选中其主视图。

步骤2 在系统"选择绘图视图的中心点"的提示下，在图形区的主视图的右侧任意选择一点，系统自动创建左视图，如图 5.2.4 所示。如果在主视图的左侧任意选择一点，则会产生右视图（本例视图显示样式为线框显示）。

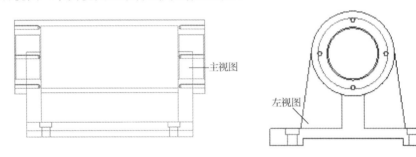

图 5.2.4　投影视图

5.2.2　移动视图与锁定视图移动

在创建完主视图和左视图后，如果它们在图样上的位置不合适、视图间距太紧或太松，用户可以移动视图，操作方法如图 5.2.5 所示（如果移动的视图有子视图，则子视图也随着移动）。如果视图被锁定了，就不能移动视图，只有取消锁定后才能移动。

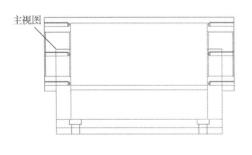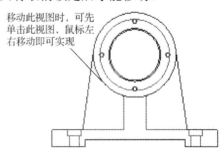

图 5.2.5　移动视图

如果视图位置已经调整好，可启动"锁定视图移动"功能，禁止视图的移动。操作方法：在绘图区的空白处右击，在弹出的快捷菜单中选择"锁定视图移动"选项。如果要取消"锁定视图移动"，可再次选择该选项，将视图移动功能解除锁定。

5.2.3　删除视图

要将某个视图删除，可右击该视图，在弹出的快捷菜单中选择"删除"选项，也可以选中该视图，然后按 Delete 键。

　　当要删除一个带有子视图的视图时，系统会弹出提示对话框，要求确认是否删除该视图，此时若单击"是"按钮，则会将该视图的所有子视图连同该视图一并删除。因此在删除带有子视图的视图时，务必注意这一点。

5.2.4　视图的显示模式

1. 视图显示

工程图中的视图可以设置为下列几种显示模式，设置完成后，系统保持这种设置而与"环境"对话框中的设置无关，且不受"视图显示"按钮、"隐藏线" 、"消隐" 和"线框" 的控制。

1）隐藏线：视图中的不可见边线以虚线显示。

2）消隐：视图中的不可见边线不显示。

3）线框：视图中的不可见边线以实线显示。

下面以图 5.2.6 所示的模型 down_base 的右视图为例，说明如何通过"视图显示"操作将左视图设置为消隐显示状态。

步骤 1　双击图 5.2.6（a）所示的视图，打开如图 5.2.7 所示的"绘图视图"对话框。在该对话框中选择"类别"列表框中的"视图显示"选项。

　　还有一种方法，右击图 5.2.6（a）所示的视图，在弹出的快捷菜单中选择"属性"选项。

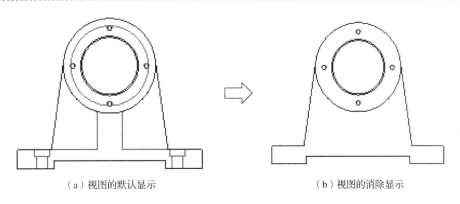

（a）视图的默认显示　　　　（b）视图的消除显示

图 5.2.6　视图的消隐

步骤 2　按照图 5.2.7 所示的"绘图视图"对话框所示内容进行参数设置，即"显示样式"设置为"消隐"，然后单击对话框中的"确定"按钮，关闭对话框。

步骤 3　如果有必要，单击视觉控制器工具栏中的"重画"按钮，查看视图显示的变化。

图 5.2.7　"绘图视图"对话框

2. 边显示

可以设置视图中个别边线的显示方式。例如，在图 5.2.8 所示的模型中，箭头所指的边线有拭除直线、消隐、隐藏线和隐藏方式等几种显示方式，分别如图 5.2.9～图 5.2.12 所示。

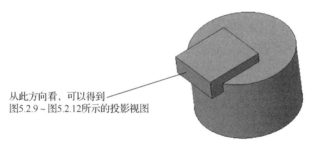

从此方向看，可以得到
图5.2.9～图5.2.12所示的投影视图

图 5.2.8　三维模型

下面以此模型为例，说明边显示的操作步骤。

步骤 1　选择"文件"→"管理会话"→"选择工作目录"选项，打开"选择工作目录"对话框。将工作目录设置到 D:\creo4.0\creo-course\ch05.04，打开工作图文件 view.drw。

步骤 2　在"布局"选项卡"编辑"选项组中，单击"边显示"按钮。

步骤 3　打开"选择"对话框，以及"菜单管理器"，选取要设置的边线，在菜单管理器中分别选择"拭除直线""消隐""隐藏线""隐藏方式"选项，然后选择一个或多个选项，以达到图 5.2.9～图 5.2.12 所示的效果，最后选择"完成"选项。

步骤 4　如果有必要，单击视觉控制器工具栏中的"重画"按钮，查看视图显示的变化。

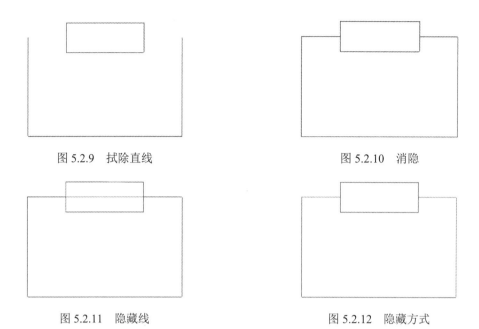

图 5.2.9 拭除直线　　　　　　　　　　　图 5.2.10 消隐

图 5.2.11 隐藏线　　　　　　　　　　　图 5.2.12 隐藏方式

5.2.5 创建高级视图

1. 创建局部视图

创建如图 5.2.13 所示的局部视图，操作步骤如下：

主视图

局部视图

图 5.2.13 局部视图

步骤 1　选择图 5.2.13 所示的主视图，然后长按鼠标右键，在弹出的快捷菜单中选择"投影视图"选项。

步骤 2　在系统"选择绘图视图的中心点"的提示下，在图形区的主视图的下面选择一点，系统立即产生投影图。

步骤 3　双击步骤 2 中创建的投影视图，打开"绘图视图"对话框。在该对话框中选择"类别"列表框中的"可见区域"选项，将"视图可见性"设置为"局部视图"。

步骤 4　绘制局部视图的边界线。

01　在系统"选择新的参考点。单击'确定'完成"的提示下，在投影视图的边线上选取一点（如果不在模型的边线上选取点，系统则不认可），此时在选取的点附近出现一个蓝色的十字线，如图 5.2.14 所示。

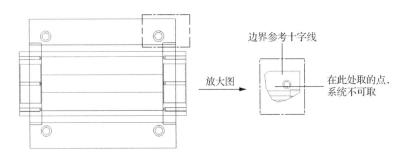

图 5.2.14　边界中心点

注意

在视图较小的情况下，此十字线不易看见，可通过放大视图来观察。十字线是否可见，并不妨碍操作的进行。

02 在系统"在当前视图上草绘样条来定义外部边界"的提示下，直接绘制图 5.2.15 所示的样条线来定义部分视图的边界，当绘制到闭合时，单击鼠标中键完成绘制（在绘制边界线前，不要选择样条线的绘制命令，而是直接单击进行绘制）。

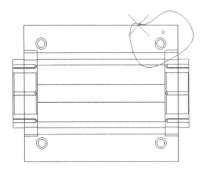

图 5.2.15　草绘轮廓线

步骤 5　单击"绘图视图"对话框中的"确定"按钮，关闭对话框。

2．创建局部放大视图

创建如图 5.2.16 所示的局部放大视图，操作步骤如下：

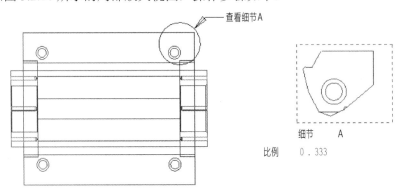

图 5.2.16　局部放大视图

步骤 1　在"布局"选项卡"模型视图"选项组中，单击"局部放大图"按钮。

步骤 2　在系统"在一现有视图上选择要查看细节的中心点"的提示下，在图 5.2.17 所示的槽的边线上选取一点（在主视图的非边线的地方选取的点，系统不认可），此时在选取的点附近出现一个绿色的十字线。

步骤 3　绘制放大视图的轮廓线。在系统"草绘样条，不相交其他样条，来定义一轮廓线"的提示下，绘制图所示的样条线以定义放大视图的轮廓，当绘制到闭合时，单击鼠标中键完成绘制（在绘制边界线前，不要选择样条线的绘制命令，而是直接单击进行绘制），如图 5.2.18 所示。

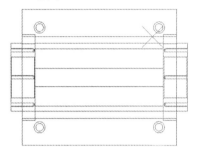

图 5.2.17　放大视图的中心点

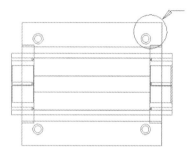

图 5.2.18　放大视图的轮廓线

步骤 4　在系统"选择绘图视图的中心点"的提示下，在图形区中选取一点来放置放大图。

步骤 5　设置轮廓线的边界类型。

01　在创建的局部放大视图上双击，打开"绘图视图"对话框。

02　设置"类别"为"视图类型"，然后在右侧的"视图名称"文本框中输入放大图的名称 A；在"父项视图上的边界类型"下拉列表中选择"ASME 94 圆"选项，单击对话框中的"确定"按钮，关闭对话框。此时轮廓线变成一个带箭头的双点画线的圆，如图 5.2.19 所示。

3．创建轴测图

在工程图中创建图 5.2.20 所示的轴测图的目的是方便读图，其创建方法与主视图基本相同。它也是作为常规视图来创建的。通常轴测图是作为最后一个视图添加到图样上的。下面介绍其一般的操作步骤。

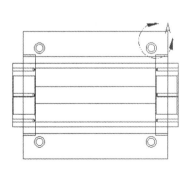

图 5.2.19　设置轮廓线的边界类型

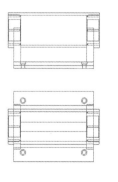
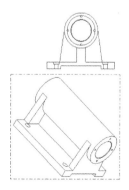

图 5.2.20　轴测图

步骤1 在绘图区中长按鼠标右键，在弹出的快捷菜单中选择"普通视图"选项，在打开的"选择组合状态"对话框中，单击"确定"按钮。

步骤2 在系统"选择绘图视图的中心点"的提示下，在图形区选择一点作为轴测图位置点。

步骤3 打开"绘图视图"对话框，选择合适的查看方位（可以选择默认方向），本例中选择三维模型中已创建的 V1 视图，然后单击"应用"按钮。

> **注意**
>
> 轴测图的定位方法一般先是在零件或装配模块中，将模型在空间摆放到合适的视角方位，再将这个方位存成一个视图名称（如 V1）；然后在工程图中，在添加轴测图时，选取已保存的视图方位名称（如 V1），即可进行视图定位。

步骤4 定制比例。在"绘图视图"对话框中的"类别"列表框中选择"比例"选项，选中右侧的"自定义比例"单选按钮，并在文本框中输入比例值 1.0。

步骤5 单击"确定"按钮，关闭对话框。

4. 创建全剖视图

全剖视图如图 5.2.21 所示，其操作步骤如下：

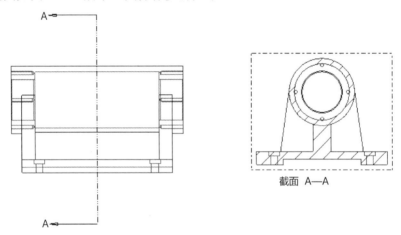

截面 A—A

图 5.2.21　主视图与全剖视图

步骤1 选择图 5.2.21 所示的主视图长按鼠标右键，在弹出的快捷菜单中选择"投影视图"选项。

步骤2 在系统"选择绘图视图的中心点"的提示下，在图形区的主视图的右侧选择一点。

步骤3 双击步骤2中创建的投影视图，打开"绘图视图"对话框。

步骤4 设置剖视图选项。在"绘图视图"对话框中的"类别"列表框中选择"截面"选项，将"截面选项"设置为"2D 横截面"，然后单击"将横截面添加到视图"按钮 ，在"名称"下拉列表中选择横截面"A"（A 剖截面在零件模块中已提前创建），将"模型边可见性"设置为"总计"，在"剖切区域"下拉列表中选择"完整"选项，最后单击"确定”按钮，关闭对话框。

　　如果在步骤 4 中，在"绘图视图"对话框中选中"模型边可见性"中的"区域"单选按钮，则产生的视图如图 5.2.22 所示，一般将这样的视图称为"断面图"。

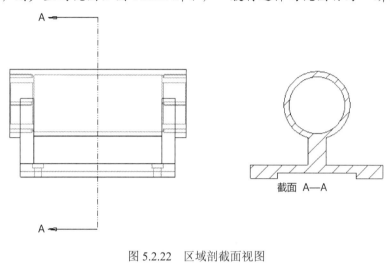

图 5.2.22　区域剖截面视图

步骤 5　添加剖视箭头。

01　选择如图 5.2.21 所示的全剖视图长按鼠标右键，在弹出的快捷菜单中选择"添加箭头"选项。

02　在系统"给箭头选出一个截面在其处垂直的视图。中键取消"的提示下，单击主视图，系统自动生成箭头。

　　本单元在选择新制工程图模板时选用了"空"模板，如果选用了其他模板，所得到的剖视箭头可能会有差别。

创建与编辑尺寸

在工程图模式下，可以创建下列几种类型的尺寸。

1. 被驱动尺寸

被驱动尺寸来源于零件模块中三维模型的尺寸，它们源于统一的内部数据库，在工程图模式下，可以利用"注释"选项卡"注释"选项组中的"显示模型注释"按钮将被驱动尺寸在工程图中自动地显示出来或拭除（或隐藏），而且可以将其删除。在三维模型上修改模型的尺寸时，工程图中的这些尺寸也随着变化，反之亦然。这里有一点需要注意：在工程图中可以修改被驱动尺寸值的小数位数，但是舍入之后的尺寸值不驱动模型几何。

2．草绘尺寸

在工程图模式下利用"注释"选项卡"注释"选项组中的"尺寸"按钮，可以手动标注草绘图元之间、草绘图元与模型对象之间及模型对象本身的尺寸。这类尺寸称为草绘尺寸，其可以被删除。还要注意：在模型对象上创建的草绘尺寸不能驱动模型。也就是说，在工程图中改变草绘尺寸的大小，不会引起零件模块中相应模块的变化，这一点与被驱动尺寸有根本的区别。所以如果在工程图环境中发现模型尺寸标注不符合设计的意图（如标注的基准不对），最佳的方法是进入零件模块环境，重定义截面草绘图的标注，而不是简单地在工程图中创建草绘尺寸来满足设计意图。

由于草绘图可以与某个视图相关，也可以不与任何视图相关，因此草绘尺寸的值有两种情况。

1）当草绘图元不与任何视图相关时，草绘尺寸的值与草绘比例有关，如假设某个草绘圆的半径为 10 时。

① 如果草绘比例为 1.0，该草绘圆半径尺寸显示为 10。

② 如果草绘比例为 2.0，该草绘圆半径尺寸显示为 20。

③ 如果草绘比例为 0.5，该草绘圆半径尺寸显示为 5。

① 改变选项 draft-scaled 的值后，应进行再生。方法为单击"审阅"选项卡"更新"选项组中的"更新绘制"按钮，如图 5.3.1 所示。

图 5.3.1　"审阅"选项卡

② 虽然草绘图中草绘尺寸的值随草绘比例的变化而变化，但草绘图的显示大小不受草绘比例的影响。

③ 配置文件 config.pro 中的选项 create-drawing-dims-only 用于控制系统如何保存被驱动尺寸和草绘尺寸。该选项设置为 no（默认）时，系统将被驱动尺寸保存在相关的零件模型（或装配模型）中；设置为 yes 时，仅将草绘尺寸保存在绘图中。所以用户正在使用 Intralink 时，如果尺寸被储存在模型中，则在修改时要对此模型进行标记，并且必须将其重新提交给 Intralink。为避免绘图中每次参考模型时都进行此操作，可将选项设置为 yes。

2）当草绘图元与某个视图相关时，草绘图中草绘尺寸的值不随草绘比例的变化而变化，草绘图的显示大小也不受草绘比例的影响，但草绘图的显示大小随着与其相关的视图的比例变化而变化。

3．草绘参考尺寸

在工程图模式下，单击"注释"选项卡"注释"选项组中的"注释"下拉按钮，在弹出的下拉列表中选择"参考尺寸"选项，可以将草绘图元之间、草绘图元与模型对象之间及模型对象本身的尺寸标注成参考尺寸。参考尺寸是草绘尺寸中的一个分支。所有的草绘参考尺寸都带有符号 REF，从而与其他尺寸相区别；如果配置文件选项 parenthesize-ref-dim 设置为 yes，则系统将参考尺寸放置在括号中。

当标注草绘图元与模型对象之间的参考尺寸时，应提前将它们关联起来。

5.3.1　创建被驱动尺寸

下面以图 5.3.2 所示的零件 down-base 为例，介绍创建被驱动尺寸的一般操作步骤。

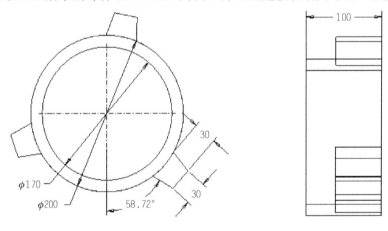

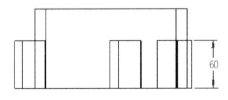

图 5.3.2　创建被驱动尺寸

步骤 1　单击"注释"选项卡"注释"选项组中的"显示模型注释"按钮。
步骤 2　在打开的如图 5.3.3 所示的"显示模型注释"对话框中，进行以下操作。

图 5.3.3　显示模型注释

01 选择对话框顶部的"显示模型尺寸"选项卡 ⊢→ 。

02 选取显示类型：在"类型"下拉列表中选择"全部"选项，然后单击"应用"按钮，如果还想显示轴线，则在对话框中的"显示模型基准"选项卡 ⚏ 中，选择要显示的模型注释。

03 单击"显示模型注释"对话框中的"确定"按钮。

图 5.3.3 所示的"显示模型注释"对话框中各选项卡的说明如下：

1）"显示模型尺寸"选项卡 ⊢→ ：显示（或隐藏）尺寸。

2）"显示模型几何公差"选项卡 ⊞ ：显示（或隐藏）几何公差。

3）"显示模型注解"选项卡 ⚏ ：显示（或隐藏）注释。

4）"显示模型表面粗糙度"选项卡 ✓ ：显示（或隐藏）表面粗糙度。

5）"显示模型符号"选项卡 ⚠ ：显示（或隐藏）定制符号。

6）"显示模型基准"选项卡 ⚏ ：显示（或隐藏）基准。

✓⊟ ：表示全部选取。

⊟⊟ ：表示全部取消选取。

在进行被驱动尺寸显示操作时，请注意以下几点。

1）使用图 5.3.2 所示的"显示模型注释"对话框，不仅可以显示三维模型中的尺寸，还可以显示在三维模型中创建的几何公差、基准和表面粗糙度等。

2）在工程图中，显示尺寸的位置决定视图定向，对于模型中拉伸或旋转特征的截面尺寸，工程图中显示在草绘平面与屏幕垂直的视图上。

3）如果用户想拭除被驱动尺寸，可以通过在左侧的"绘图树"中选中要拭除的被驱动尺寸并右击，在弹出的快捷菜单中选择"拭除"选项，即可将被驱动尺寸拭除。这里要特别注意：在拭除后，如果再次显示尺寸，则各尺寸的显示位置、格式和属性（包括尺寸公差、前缀等），均恢复为上一次拭除前的状态，而不是更改前的状态。

4）如果用户想删除被驱动尺寸，可以通过在左侧的"绘图树"中选中要删除的被驱动尺寸并右击，在弹出的快捷菜单中选择"删除"选项，即可将被驱动尺寸删除。

5.3.2　创建草绘尺寸

在 Creo 4.0 中，草绘尺寸分为一般的草绘尺寸、草绘参考尺寸和草绘坐标尺寸 3 种类型，它们主要用于手动标注工程图中两个草绘图元之间、草绘图元与模型对象之间及模型对象本身的尺寸，坐标尺寸是一般草绘尺寸的坐标表达形式。

在"注释"选项卡中，"尺寸"和"参考尺寸"选项中都有如下几个选项。

1）"新参考"：每次选取新的参考进行标注。

2）"纵坐标尺寸"：创建单一方向的坐标表示的尺寸标注。

3）"自动标注纵坐标"：在模具设计和钣金件平整形态零件上自动创建纵坐标尺寸。

下面以图 5.3.4 所示的零件模型 down-base 为例，介绍在模具上自动创建草绘"新参考"尺寸的一般操作步骤。

步骤 1　在"注释"选项卡"注释"选项组中单击"尺寸"按钮，打开如图 5.3.5 所示的"选择参考"对话框。

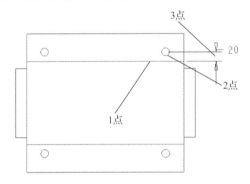

图 5.3.4　"新参考"尺寸标注

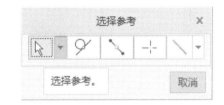

图 5.3.5　"选择参考"对话框

步骤 2　在图 5.3.3 所示的 1 点处单击（1 点在模型的边线上），以选取该边线。

步骤 3　按住 Ctrl 键，在图 5.3.3 所示的 2 点处单击（2 点在圆的弧线上），系统自动选取该圆的圆心。

步骤 4　在图 5.3.3 所示的 3 点处单击鼠标中键，确定尺寸文本的位置，在"选择参考"对话框中单击"取消"按钮。

5.3.3　尺寸的操作

从 5.3.2 节创建被驱动尺寸的操作中，我们注意到，由系统自动显示的尺寸在工程图上有时会显得杂乱无章、尺寸相互遮盖、尺寸间距过松或过紧、某一个视图上的尺寸太多、出现重复尺寸（如两个半径相同的圆标注两次），这些问题通过尺寸的操作工具都可以解决。尺寸的操作包括尺寸（包括尺寸文本）的移动、拭除和删除（仅对草绘尺寸），草绘的切换视图，修改尺寸的数值和属性（包括尺寸公差、尺寸文本字高和尺寸文本字型）等。下面分别对它们进行介绍。

1. 移动尺寸及其尺寸文本

移动尺寸及其尺寸文本的方法：选择要移动的尺寸，当尺寸加亮变红后，再将鼠标指针放到要移动的尺寸文本上，按住鼠标的左键，此时要移动的尺寸处会出现中心线，移动鼠标，尺寸及尺寸文本会随着鼠标移动，移到所需的位置后释放鼠标左键即可。

2．尺寸编辑的快捷菜单

如果要对尺寸进行其他的编辑，可以进行如下操作：单击要编辑的尺寸，当尺寸加亮后，长按鼠标右键，此时系统会依照右击位置的不同弹出不同的快捷菜单，具体有以下几种情况。

1）如果选中某尺寸后，在尺寸标注位置线或尺寸文本上长按鼠标右键，则弹出如图 5.3.6 所示的快捷菜单，其各主要选项的说明如下：

图 5.3.6　右键快捷菜单 1

① 编辑连接：该选项的功能是修改对象的附件（修改附件）。

② 拭除：选择该选项后，系统会拭除选取的尺寸（包括尺寸文本和尺寸界线），也就是使该尺寸在工程图中不显示。

尺寸"拭除"操作完成后，如果要恢复它的显示，操作方法如下：

a．在绘图区中单击注释前的节点。

b．选择被拭除的尺寸并右击，在弹出的快捷菜单中选择"取消拭除"选项。

③ 修剪尺寸界线：该选项的功能是修剪尺寸界线。

④ 移动到视图：该选项的功能是将尺寸从一个视图移动到另一个视图。操作方法如下：选择该选项，然后选择移动到的目的视图即可。

下面将在模型 down-base 工程图的放大图中创建图 5.3.7 所示的尺寸，以此说明在工程图模块中将尺寸从主视图移动到放大图的一般操作步骤。

步骤1　将工作目录设置到 D:\creo4.0\creo-course\ch05.03，打开文件 move-dim-drw.drw。

步骤2　在图 5.3.7 所示的主视图中选取尺寸"17"并长按鼠标右键，在弹出的快捷菜单中选择"移动到视图"选项。

步骤3　在系统"选取模型视图或窗口"的提示下，选择图 5.3.7 所示的放大图，此时主视图中的尺寸 17 被移动到放大图中。

步骤4　参考步骤 2 和步骤 3 将主视图中的尺寸"25"移动到放大图中，如图 5.3.8 所示。

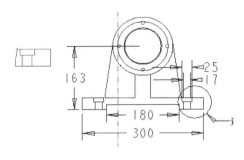

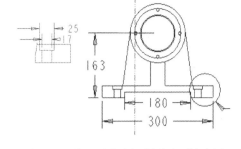

图 5.3.7 移动尺寸   图 5.3.8 将尺寸从主视图移动到放大图

⑤ 切换纵坐标/线性：该选项的功能是将线性尺寸转换为纵坐标尺寸或将纵坐标尺寸转换为线性尺寸。在由线性尺寸转换为纵坐标尺寸时，需选取纵坐标基线尺寸。

⑥ 反向箭头：选择该选项即可切换所选尺寸的箭头方向，如图 5.3.9 所示。

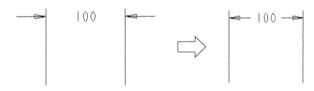

图 5.3.9 切换箭头方向

2）选中某尺寸后，在尺寸界线上长按鼠标右键，弹出如图 5.3.10 所示的快捷菜单，其各主要选项的说明如下：

① 拭除尺寸界线：该选项的作用是将尺寸界线拭除（即不显示），如图 5.3.11 所示。如果要将拭除的尺寸界线恢复为显示状态，则要选取尺寸并长按鼠标右键，然后在弹出的快捷菜单中选择"显示尺寸界线"选项。

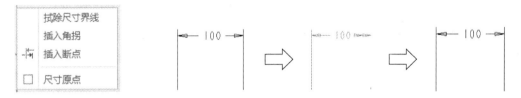

图 5.3.10 右键快捷菜单 2   图 5.3.11 拭除与恢复尺寸界线

② 插入角拐：该选项的功能是创建尺寸边线的角拐，如图 5.3.12 所示。操作方法如下：选择该选项，然后选择尺寸边线上的一点作为角拐点，移动鼠标至所希望的位置单击，再单击鼠标中键完成操作。

图 5.3.12 创建拐角

选取尺寸后，在角拐点的位置长按鼠标右键，在弹出的快捷菜单中选择"移除所有角拐"选项，即可删除角拐。

3）选中某尺寸后，在尺寸标注线的箭头上长按鼠标右键，在弹出的快捷菜单中选择"箭头样式"选项，弹出如图 5.3.13 所示的子菜单，其各主要选项的说明如下：

"箭头样式"选项的功能是修改尺寸箭头的样式，箭头的样式可以是箭头、实心点和斜杠等，如图 5.3.14 所示。可以将尺寸箭头改成开放框，操作如下：选择如图 5.3.14 所示的尺寸，然后在尺寸标注线右侧的箭头上长按鼠标右键，在弹出的快捷菜单中选择"箭头样式"→"开放框"选项即可。

图 5.3.13 "箭头样式"子菜单

图 5.3.14 箭头样式

图 5.3.15 右键快捷菜单 3

4）如果不先选择某尺寸，而是选中该尺寸的尺寸文本并长按鼠标右键，则弹出如图 5.3.15 所示的快捷菜单。

3．尺寸界线的破断

尺寸界线的破断是将尺寸界线的一部分断开，如图 5.3.16 所示；而删除破断的作用是将尺寸线断开的部分恢复。

其操作方法是单击"注释"选项卡"编辑"选项组中的"断点"按钮，在系统"选择尺寸界线、导引、视图箭头、轴线或 2 维图元来破断"的提示下，在要破断的尺寸界线上选择两点，破断即可形成；如果选择该尺寸，然后在尺寸界线破断的点上长按鼠标右键，在弹出的如图 5.3.17 所示的快捷菜单中选择"移除断点"选项，即可将断开的部分恢复。

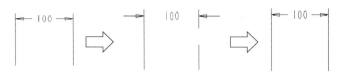

图 5.3.16 尺寸界线的破断与恢复

图 5.3.17 右键快捷菜单 4

4．清理尺寸

对于杂乱无章的尺寸，Creo 4.0 提供了一个强有力的整理工具，即"清理尺寸"。通过该工具，系统可以实现以下功能。

1）在尺寸界线之间居中尺寸（包括带有螺纹、直径、符号和公差等的整个文本）。

2）在尺寸界线间或尺寸界线与草绘图元交接处，创建断点。

3）在模型边、视图边、轴或捕捉线的一侧，放置所有尺寸。

4）反向箭头。

5）将尺寸的间距调到一致。

下面以图 5.3.18 所示的零件模型 down-base 为例，说明清理尺寸的一般操作步骤。

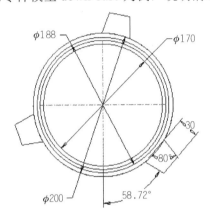

图 5.3.18　清理尺寸

步骤 1　单击"注释"选项卡"编辑"选项组中的"清理尺寸"按钮。

步骤 2　选取模型 down-base 的侧视图（选取图 5.3.18 所示的视图轮廓线即可），在打开的"选择"对话框中，单击"确定"按钮。

步骤 3　打开"清理尺寸"对话框。该对话框有"放置"选项卡和"修饰"选项卡，现对其中各选项的操作进行简要的介绍。

① "放置"选项卡。

a．选中"分隔尺寸"复选框后，可调整尺寸线的偏移值和增量值。

b．"偏移"是视图轮廓线（或所选基准线）与视图中最靠近它们的某个尺寸间的距离。输入偏移值，按 Enter 键，然后单击对话框中的"应用"按钮，可将输入的偏移值立即施加到视图中，并看到效果。

c．"增量"是两相邻尺寸的间距。输入增量值，按 Enter 键，然后单击对话框中的"应用"按钮，可将输入的增量值立即施加到视图中，并看到效果。

d．一般以各"视图轮廓"为"偏移参考"，也可选取某个基准线为参考。

e．选中"创建捕捉线"复选框，工程图中便显示捕捉线。捕捉线是表示水平或垂直尺寸位置的一组虚线。单击对话框中的"应用"按钮，可看到屏幕中立即显示这些虚线。

f．选中"破断尺寸界线"复选框后，在尺寸界线与其他草绘图元相交的位置处，尺寸界线会自动产生破断。

② "修饰"选项卡。

a．选中"反向箭头"复选框后，如果视图中某个尺寸的尺寸界线内放不下箭头，该尺寸的箭头会自动反向到外面。

b．选中"居中文本"复选框后，每个尺寸的文本自动居中。

c．当视图中某个尺寸的文本太长，在尺寸界线间放不下时，系统可自动将它们放到尺寸线的外部，不过应该预先在"水平"和"垂直"区域单击相应的方位按钮，以确定将尺寸文本移出后放在什么方位。

5.3.4 显示尺寸公差

配置文件 drawing.dtl 中的选项 tol-display 和配置文件 config.pro 中的选项 tol-mode 与工程图中的尺寸公差有关，如果要在工程图中显示和处理尺寸公差，必须先配置这两个选项。

（1）tol-display 选项

tol-display 选项控制尺寸公差的显示。如果将其设置为 yes，则尺寸标注显示公差；如果将其设置为 no，则尺寸标注不显示公差。

（2）tol-mode 选项

tol-mode 选项控制尺寸公差的显示形式。如果将其设置为 nominal，则尺寸只显示名义值，不显示公差。如果将其设置为 limits，则公差尺寸显示为上限和下限。如果将其设置为 plusminus，则公差值为正负值，正值和负值是独立的。如果将其设置为 plusminussym，则公差值为正负值，正负公差的值用一个值表示。

5.4 创建注解文本

单击"注释"选项卡"注释"选项组中的"注解"下拉按钮，弹出如图 5.4.1 所示的下拉列表。在该下拉列表中，可以创建用户所要求的属性的注释。注释可连接到模型的一个或多个边上，也可以是独立的。

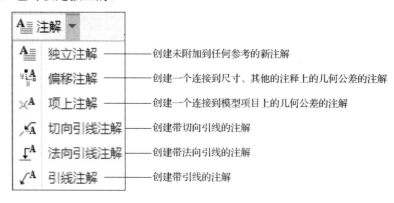

图 5.4.1 "注解"下拉列表

1．创建无引线注解

下面以图 5.4.2 所示的注释为例，说明创建无引线注解的一般操作步骤。

步骤 1　单击"注释"选项卡"注释"选项组中的"注解"下拉按钮，在弹出的下拉列表中选择"独立注解"选项。

步骤 2　在打开的如图 5.4.3 所示的"选择点"对话框中，单击"在绘图上选择一个自由点"按钮 ，并在绘图区选择一点作为注释的放置点。

技术要求

1.焊接处焊接牢固，不得有泄露，不允许有砂眼、气泡等缺陷。

2.铸造后应去毛刺和锐角。

图 5.4.2　无引线注解

图 5.4.3　"选择点"对话框

表示在绘图上选择一个自由点； 表示使用绝对坐标选择点； 表示使用相对坐标选择点； 表示在绘图对象或图元上选择一个点； 表示选择顶点

步骤 3　输入"技术要求"，在图样的空白处单击两次，退出注释的放置点。

步骤 4　单击"注释"选项卡"注释"选项组中的"注解"下拉按钮，在弹出的下拉列表中选择"独立注解"选项，在打开的"选择点"对话框中单击"在绘图上选择一个自由点"按钮，然后在注释"技术要求"下面选择一点。

步骤 5　输入"1．焊接处焊接牢固，不得有泄露，不允许有砂眼、气泡等缺陷。"，按Enter 键；输入"2．铸造后应去毛刺和锐角。"。在图样的空白处单击两次，退出注释的输入。

步骤 6　调整注释中的文本——"技术要求"的位置和大小。

2．创建带引线注释

下面以图 5.4.4 所示为例，介绍创建带引线注解的一般操作步骤。

步骤 1　单击"注释"选项卡"注释"选项组中的"注解"下拉按钮，在弹出的下拉列表中选择"引线注解"选项。

步骤 2　定义注释导引线的起始点。选择注释导引线的起始点，如图 5.4.5 所示。

步骤 3　定义注释文本的位置。在屏幕中将注释移至合适的位置，如图 5.4.5 所示，然后单击鼠标中键确定位置。

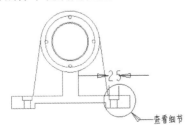

图 5.4.4　侧视图

图 5.4.5　放大图的带引线注解

步骤 4 输入"此孔需慢走丝切割精加工",在图样的空白处单击两次,退出注释的输入。

3. 注解的编辑

双击要编辑的注释,此时功能区出现如图 5.4.6 所示的"格式"选项卡,在该选项卡中可以修改注释样式、文本样式及格式样式。

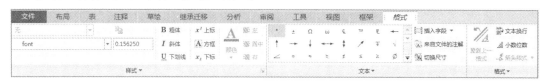

图 5.4.6 "格式"选项卡

工程图基准

1. 创建基准

(1)在工程图模块中创建基准轴

下面将在模型的工程图中创建如图 5.5.1 所示的基准轴,操作步骤如下:

步骤1 将工作目录设置到 D:\creo4.0\creo-course\ch05.05,打开文件 create-datun.drw。

步骤2 单击"注释"选项卡"注释"选项组中的"绘制基准"下拉按钮,在弹出的下拉列表中选择"绘制基准轴"选项。

步骤3 打开"选择点"对话框,如图 5.4.3 所示。单击对话框中的"选择顶点"按钮(最后一个按钮),然后选择圆的上下两条边绘制一条基准轴,在弹出的基准轴输入框中进行下列操作。

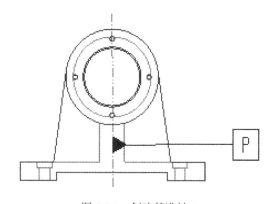

图 5.5.1 创建基准轴 P

01 在"输入轴名"文本框中输入基准名 P。

02 单击"输入轴名"文本框右侧的"完成"按钮。

步骤 4　双击绘制的基准轴，打开"轴"对话框，然后在"显示"选项组中选择第二种显示方式，单击"确定"按钮。

步骤 5　分别将基准符号移至合适的位置，基准的移动操作方法与尺寸的移动操作一样。

步骤 6　视情况将某个视图中不需要的基准符号拭除。

（2）在工程图模块中创建基准平面

下面以在模型 down-base 的工程图中创建如图 5.5.2 所示的基准平面 A 为例，介绍在工程图模块中创建基准平面的一般操作步骤。

步骤 1　单击"注释"选项卡"注释"选项组中的"绘制基准"按钮。

步骤 2　打开"选择点"对话框，在此对话框中进行下列操作。

01 单击"在绘图对象或图元上选择一个点"按钮，然后选择图中左侧的底边，单击"选择点"对话框中的"确定"按钮。再次选择左侧的底边，单击"选择点"对话框中的"确定"按钮，在打开的"输入基准名称"对话框中输入 A，然后单击"完成"按钮。

02 选中基准面 A，长按鼠标右键，在弹出的快捷菜单中选择"属性"选项，在打开的如图 5.5.3 所示的"基准"对话框中，单击带有图标的 A 选项，然后单击"确定"按钮即可完成基准平面的创建。

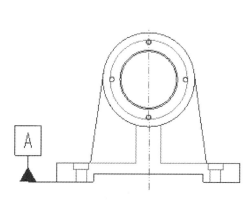

图 5.5.2　创建基准平面 A

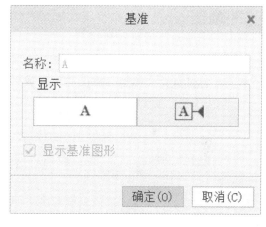

图 5.5.3　"基准"对话框

步骤 3　在"注释"选项卡"注释"选项组中单击"基准特征符号"按钮，根据系统提示，选择基准平面，再将基准符号移至合适的位置。

步骤 4　视情况将某个视图中不需要的基准符号拭除。

2．基准的拭除与删除

拭除基准的真正含义是在工程图环境中不显示基准符号，同尺寸的拭除一样。而基准的删除是将其从模型中真正完全地去除，所以基准的删除要切换到零件模块中进行。其操作步骤如下：

步骤 1　切换到模型窗口。

步骤2　从模型树中找到基准名称，右击，在弹出的菜单中选择"删除"选项。

① 一个基准在被拭除后，系统不允许用户创建相同名称的基准，只有切换到零件模块中，将其从模型中删除后才能创建相同名称的基准。

② 如果一个基准被某个几何公差所使用，则只有先删除该几何公差，才能删除该基准。

5.6 创建几何公差

下面将在模型 down-base 的工程图（侧视全剖图）中创建几何公差，操作步骤如下：

步骤1　将工作目录设置到 D:\creo4.0\creo-course\ch05.06，打开文件 tol-drw.drw，为工程图添加适当的辅助构造线并定义基准。

01　在"草绘"选项卡"草绘"选项组中单击"构造线"按钮，添加如图 5.6.1 所示的孔中心轴线与草图对称轴线。

02　在"注释"选项卡"注释"选项组中单击"基准特征符号"按钮，选择图 5.6.1 所示的对称轴线，添加基准特征并将其放到合适的位置，然后在图 5.6.2 所示的文本框中输入名称 P。

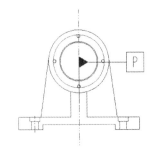

图 5.6.1　创建构造线　　　　　　　图 5.6.2　基准特征命名

步骤2　在"注释"选项卡"注释"选项组中单击"几何公差"按钮。

步骤3　根据上一步操作，在系统弹出的 　　　中，单击孔中心线，将公差框放置合适的位置。

步骤4　双击上一步放置的公差框，功能区出现如图 5.6.3 所示的"几何公差"选项卡。在此选项卡中进行以下操作。

图 5.6.3　"几何公差"选项卡

01 单击"几何特性"下拉按钮，在弹出的如图 5.6.4 所示的下拉列表中选择"平行度"选项。

02 在"公差和基准"选项组中进行以下操作。

定义公差参考值。如图 5.6.3 所示，在公差值文本框中输入 0.01，并在其后的主要基准参考文本框中输入 P，单击鼠标中键完成操作，结果如图 5.6.5 所示。

图 5.6.4　"几何特性"下拉列表

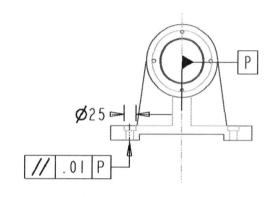

图 5.6.5　标注几何公差

　　由于当前所标注的是一个孔相对于一个基准平面 P 的平行度公差，它实质上是指这个孔的轴或圆柱面相对于基准平面 P 的平行度公差，所以其公差参考要选取孔的轴线。

添加公差参考基准也可在"公差和基准"选项组中进行，其操作如下：

a．单击图 5.6.6 所示的主要参考基准按钮，打开如图 5.6.7 所示的基准"选择"对话框。

b．单击建立的基准特征 P，然后单击"选择"对话框中的"确定"按钮。

注意

　　如果该位置公差参考的基准不止一个，请选择第二、第三参考基准，再进行同样的操作，以增加第二、第三参考。

图 5.6.6　主要参考基准按钮

图 5.6.7　基准"选择"对话框

5.7

标注表面粗糙度

下面将在模型 down-base 的工程图中创建如图 5.7.1 所示的表面粗糙度，操作步骤如下：

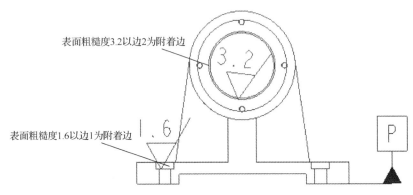

图 5.7.1　创建表面粗糙度

步骤 1　将工作目录设置到 D:\creo4.0\creo-course\ch05.07，打开文件 surf-fini-drw/drw。

步骤 2　单击"注释"选项卡"注释"选项组中的"表面粗糙度"按钮。

步骤 3　检索表面粗糙度。在打开的"打开"对话框中选择 machined 文件夹中的 standard1.sym 文件，单击"打开"按钮，打开"表面粗糙度"对话框，如图 5.7.2 所示。

步骤 4　选取附着类型。在"常规"选项卡"放置"选项组的"类型"下拉列表中选择"垂直于图元"选项。

图 5.7.2　"表面粗糙度"对话框

步骤 5　定义放置参考。在"使用鼠标左键选择附加参考"的提示下，选取图 5.7.1 所示的边 1 为附着边，然后选择"可变文本"选项卡，在"roughness_height"文本框中输入数值 1.6，在图样空白处单击鼠标中键。

步骤 6　按上述步骤完成表面粗糙度 3.2 的标注，在图样空白处单击鼠标中键，然后单击"表面粗糙度"对话框中的"确定"按钮，完成表面粗糙度的标注。

6 单元

曲面设计

>>>>>

◎ **单元导读**

    在产品设计中,曲面的造型设计是必不可少的,Creo 4.0 的曲面功能对于创建复杂曲面零件非常有用。Creo 4.0 提供了高级曲面设计功能和各种曲面编辑功能,利用这些功能可设计出高质量的曲面。本单元将介绍曲面造型的基本知识、基础曲面和高级曲面的创建、修改和编辑等。

◎ **能力目标**

◆ 了解曲面设计。

◆ 掌握一般曲面设计的创建过程。

◆ 掌握复杂曲面设计的创建过程。

◆ 掌握曲面的修改与编辑方法。

◆ 掌握曲线与曲面的曲率分析方法。

◆ 通过学习曲面设计,可进行简单曲面造型的设计。

◆ 通过讨论草绘命令的使用方法和注意事项,掌握绘制草图的一般方法。

◎ **思政目标**

◆ 树立正确的学习观、价值观,自觉践行行业道德规范。

◆ 牢固树立质量第一、信誉第一的强烈意识。

◆ 遵规守纪,安全生产,爱护设备,钻研技术。

曲面设计概述

对于一般较规则的三维模型，Creo 4.0 实体特征提供了方便的造型创建方法。但对于比较复杂的零件，仅使用实体特征来创建三维模型就显得比较困难。因此，Creo 4.0 的曲面特征应运而生。在 Creo 4.0 中，曲面是一种没有厚度的几何特征。曲面与实体中的薄壁特征不同，薄壁特征有一定的厚度值，虽然它的壁很薄，但是属于实体。

用曲面创建形状复杂的零件的主要操作步骤如下：

步骤1 创建多个单独曲面。

步骤2 对曲面进行修剪和偏移等操作。

步骤3 将单独的各个曲面合并为一个整体的面组。

步骤4 将曲面（面组）转化为实体零件。

一般曲面设计

Creo 4.0 的曲面创建命令主要分布在"模型"选项卡中的"形状"选项组和"曲面"选项组中，如图 6.2.1 和图 6.2.2 所示。单击"形状"选项卡中的某个按钮，在特征选项卡中单击曲面类型按钮，即可采用该命令创建一般曲面，其创建方法与创建实体的方法基本相同。"曲面"选项组中主要包括各种复杂曲面的创建按钮，如边界混合曲面、填充曲面、自由式曲面和样式曲面等。

图 6.2.1 "形状"选项组

图 6.2.2 "曲面"选项组

1. 创建拉伸和旋转曲面

拉伸、旋转、扫描、混合等曲面的创建和实体基本相同。下面举例说明创建拉伸曲面和旋转曲面的操作方法。

（1）创建拉伸曲面

拉伸曲面是将曲线或封闭曲线按指定的方向和深度拉伸成曲面。

创建拉伸曲面的具体操作步骤如下：

步骤 1　打开 Creo 4.0，在"主页"选项卡"数据"选项组中单击"新建"按钮，打开"新建"对话框。在"类型"选项组中选中"零件"单选按钮，在"子类型"选项组中选中"实体"单选按钮，取消选中"使用默认模板"复选框，然后单击"确定"按钮。在打开的"新文件选项"对话框中选择 mmns_part_solid 模板，然后单击"确定"按钮，进入零件模块工作界面。

步骤 2　单击"模型"选项卡"形状"选项组中的"拉伸"按钮，功能区出现如图 6.2.3 所示的"拉伸"选项卡。

图 6.2.3　"拉伸"选项卡

步骤 3　单击该选项卡中的"拉伸为曲面"按钮 以确认生成曲面，单击"放置"界面中的"定义"按钮，如图 6.2.4 所示，打开如图 6.2.5 所示的"草绘"对话框。

图 6.2.4　"放置"界面

图 6.2.5　"草绘"对话框

步骤 4　在"草绘"对话框中选择 TOP 平面作为草绘平面，在"草绘"对话框中设定视图方向为反向，指定 RIGHT 平面为参考，方向为右（一般采用默认设置），如图 6.2.6 所示。

步骤 5　单击"草绘"按钮进入草绘环境，单击"草绘"选项卡"设置"选项组中的"草绘视图"按钮 ，进入草绘视图，如图 6.2.7 所示。

图 6.2.6　选择草绘平面 1

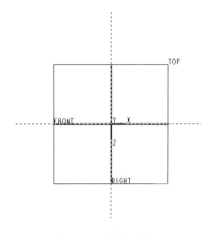

图 6.2.7　草绘视图 1

步骤 6　在草绘环境完成如图 6.2.8 所示的草绘图形，完成后单击"草绘"选项卡"关闭"选项组中的"确定"按钮，退出草绘环境。

步骤 7　在"拉伸"选项卡的"选项"界面中选择拉伸模式为盲孔 ⊥，并在其后的文本框中输入深度值为 80.00，如图 6.2.9 所示。然后根据需要确定选择封闭端或不选择封闭端两种拉伸模式，两种模式的效果如图 6.2.10 和图 6.2.11 所示。设置完成后，单击"拉伸"选项卡中的"完成"按钮，完成拉伸曲面的创建。

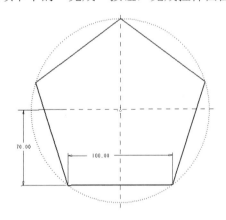

图 6.2.8　草绘图形 1

图 6.2.9　输入深度值

图 6.2.10　封闭拉伸曲面

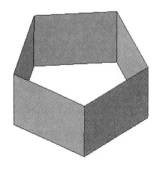

图 6.2.11　不封闭拉伸曲面

> **注意**
>
> 对于封闭的截面草图，才可选中"封闭端"复选框；也可根据需要选中"添加锥度"复选框给曲面添加相应的锥度。

（2）创建旋转曲面

旋转曲面是将截面曲线绕着一条中心轴旋转而形成的曲面形状特征。

创建旋转曲面的具体操作步骤如下：

步骤 1 单击"模型"选项卡"形状"选项组中的"旋转"按钮，功能区出现如图 6.2.12 所示的"旋转"选项卡。

图 6.2.12 "旋转"选项卡

步骤 2 单击该选项卡中的"作为曲面旋转"按钮以确认生成曲面，单击"放置"界面中的"定义"按钮，打开如图 6.2.5 所示的"草绘"对话框。

步骤 3 在"草绘"对话框中选择 FRONT 平面作为草绘平面，在"草绘"对话框中设定视图方向为反向，指定 RIGHT 平面为参考，方向为右（一般采用默认设置），如图 6.2.13 所示。

步骤 4 单击"草绘"按钮进入草绘环境，单击"草绘"选项卡"设置"选项组中的"草绘视图"按钮进入草绘视图，如图 6.2.14 所示。

图 6.2.13 选择草绘平面 2

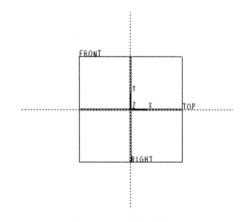

图 6.2.14 草绘视图 2

步骤 5 在草绘环境完成如图 6.2.15 所示的草绘图形，完成后单击"草绘"选项卡"关闭"选项组中的"确定"按钮，退出草绘环境。

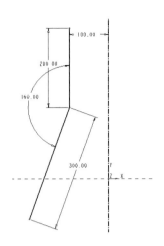

图 6.2.15 草绘图形 2

注意

旋转曲面必须有一根作为旋转轴的中心线，并且在绘制截面时，截面曲线必须全部位于中心线一侧。

步骤 6 在"旋转"选项卡中选择旋转模式为变量，并在其后的文本框中输入角度值为 360.0，如图 6.2.16 所示。单击"旋转"选项卡中的"完成"按钮，完成旋转曲面的创建，如图 6.2.17 所示。

图 6.2.16 输入旋转角度

图 6.2.17 旋转曲面

注意

旋转曲面与旋转实体的不同之处在于，旋转曲面的截面既可以是封闭的也可以是开放的，但旋转实体的截面只能是闭合的。

2．创建填充曲面

创建填充曲面是指将封闭曲线内的区域进行填充，形成面域，组成曲面。它创建的是一个二维平面特征。下面举例说明创建填充曲面的操作方法。

步骤 1 单击"模型"选项卡"曲面"选项组中的"填充"按钮，功能区出现"填充"选项卡，如图 6.2.18 所示。

图 6.2.18 "填充"选项卡

步骤 2 单击"参考"界面中的"定义"按钮，在打开的"草绘"对话框中，选择 TOP 平面为草绘平面（图 6.2.19）。进入草绘环境，创建如图 6.2.20 所示的一个封闭的草绘截面，然后单击"草绘"选项卡"关闭"选项组中的"确定"按钮完成草绘。

图 6.2.19 选择参考平面

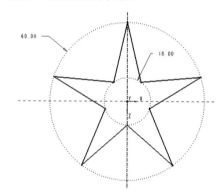

图 6.2.20 草绘截面

注 意

填充曲面的草绘截面一定是封闭的。

步骤 3 单击"填充"选项卡中的"完成"按钮，完成填充曲面的操作，如图 6.2.21 所示。

图 6.2.21 填充曲面

3．偏移曲面

偏移曲面是将已有的曲面或曲线进行偏移生成新的曲面。偏移的类型有如下 4 种。

"标准偏移" ▥：将一个曲面或一个实体表面沿着指定方向偏移创建新曲面。

"展开偏移" ▥：自定义局部曲面偏移一定距离形成一个连续整体。

"拔模偏移" ▥：沿指定方向产生局部偏移，同时可以产生拔模角。

"替换性偏移" ▥：将实体表面用另一个曲面替换。

下面举例说明曲面中常见偏移特征的创建方法。

（1）标准偏移

打开曲面模型，如图 6.2.22 所示。单击"模型"选项卡"编辑"选项组中的"偏移"按钮 ⬚ 偏移，功能区出现如图 6.2.23 所示的"偏移"选项卡。偏移类型选择默认的标准偏移，在"偏移值"文本框中输入偏移值为 50.00，然后单击"完成"按钮，完成标准偏移曲面的操作，如图 6.2.24 所示。

图 6.2.22　曲面模型 1

图 6.2.23　"偏移"选项卡 1

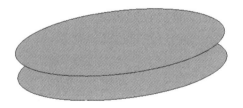

图 6.2.24　标准偏移效果

（2）展开偏移

打开曲面模型，如图 6.2.25 所示。单击"模型"选项卡"编辑"选项组中的"偏移"按钮，功能区出现如图 6.2.26 所示的"偏移"选项卡。偏移类型选择为展开偏移。单击"选项"按钮，弹出如图 6.2.27 所示的界面，选中"草绘区域"单选按钮，然后单击"定义"按钮。在打开的"草绘"对话框中选择 TOP 平面为草绘平面，然后单击"确定"按钮，进入草绘环境。绘制如图 6.2.28 所示的草图，绘制完成后单击"草绘"选项卡"关闭"选项组中的"关闭"按钮退出草绘环境。在"偏移"选项卡的"偏移值"文本框中输入偏移值为 100.00，然后单击"完成"按钮，完成展开偏移曲面的操作，如图 6.2.29 所示。

图 6.2.25　曲面模型 2

图 6.2.26　"偏移"选项卡 2

图 6.2.27　"选项"界面

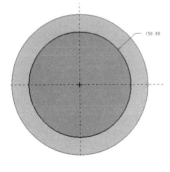

图 6.2.28　草图

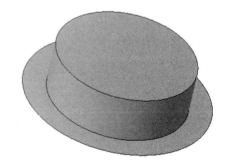

图 6.2.29　展开偏移效果

（3）拔模偏移

打开曲面模型，如图 6.2.30 所示。单击"模型"选项卡"编辑"选项组中的"偏移"按钮，功能区出现"偏移"选项卡，如图 6.2.31 所示。偏移类型选择为拔模偏移，选择曲线为拔模区域，在"偏移值"文本框中输入偏移值为 200.00，设置偏移角度为 30.0，然后单击"完成"按钮，完成拔模偏移曲面的操作，效果如图 6.2.32 所示。

图 6.2.30　曲面模型 3

图 6.2.31　"偏移"选项卡 3

图 6.2.32　拔模偏移效果

（4）替换性偏移

打开曲面模型，如图 6.2.33 所示。单击"模型"选项卡"编辑"选项组中的"偏移"按钮，功能区出现"偏移"选项卡，如图 6.2.34 所示。偏移类型选择为替换性偏移，选择曲面为替换曲面面组，然后单击"完成"按钮，完成替换性偏移曲面的操作，效果如图 6.2.35所示。

图 6.2.33　曲面模型 4

图 6.2.34　"偏移"选项卡 4

图 6.2.35　替换性偏移效果

4．复制与粘贴曲面

曲面复制是在已有的曲面或实体表面上重新生成一个新的曲面，此命令与粘贴命令共同使用。选中需要复制的曲面，单击"模型"选项卡"操作"选项组中的"复制"按钮，再单击"粘贴"按钮（粘贴又分为常规粘贴与选择性粘贴），功能区出现如图 6.2.36 所示的"曲面：复制"选项卡。单击"选项"按钮，在弹出的界面中指定复制粘贴方式，如图 6.2.37 所示。

图 6.2.36　"曲面：复制"选项卡　　　　图 6.2.37　复制粘贴方式

1）"按原样复制所有曲面"：按照原来的样子复制所有曲面。

2）"排除曲面并填充孔"：复制某些曲面，可以选择填充曲面内的孔。

① 排除轮廓：选择要从所选曲面中排除的曲面。

② 填充孔/曲面：在选定曲面上选择要填充的孔。

3）"复制内部边界"：仅复制边界内的曲面。

边界曲线：定义包含要复制的曲面边界。

4）"取消修剪包络"：复制曲面，移除所有内轮廓，并用当前轮廓的包络替换外轮廓。

5）"取消修剪定义域"：复制曲面，移除所有内轮廓，并用与曲面定义域相对应的轮廓替换外轮廓。

下面举例说明几种复制曲面的操作方法。

（1）一般复制与粘贴

一般复制与粘贴表示在粘贴时曲面没有任何变化，没有移动和旋转且与原模型完全重合。需要隐藏原模型才能看到该曲面。

打开文件，如图 6.2.38 所示。单击"模型"选项卡"操作"选项组中的"复制"按钮，此时"粘贴"按钮由暗变亮，如图 6.2.39 所示。单击"粘贴"按钮，功能区出现如图 6.2.36 所示的"曲面：复制"选项卡。一般复制无须改变默认选项，直接单击"完成"按钮，即可完成替换性复制/粘贴曲面。图 6.2.40 所示的模型树中出现"复制 1"，此时，隐藏原模型后看到的便是复制曲面。若在"曲面：复制"选项卡中选中"选项"界面中的"排除曲面并填充孔"单选按钮，如图 6.2.41 所示，在填充孔区域按住 Ctrl 键并选择需要填充的孔，然后单击"完成"按钮，得到的复制曲面如图 6.2.42 所示。

图 6.2.38　文件

图 6.2.39　"操作"选项组

图 6.2.40　模型树

图 6.2.41　选中"排除曲面并填充孔"单选按钮

图 6.2.42　排除曲面并填充孔复制曲面

（2）选择性复制

选择性复制是指在复制曲面的同时可对新曲面进行平移和旋转操作。打开文件，如图 6.2.38 所示。单击"模型"选项卡"操作"选项组中的"复制"按钮，然后单击"粘贴"下拉按钮，在弹出的下拉列表（图 6.2.43）中选择"选择性粘贴"选项，在功能区出现如图 6.2.44 所示"移动（复制）"选项卡。单击"变换"按钮，弹出如图 6.2.45 所示的"变换"界面。在"设置"选项组中可选择复制变换方式为移动或旋转，这里选择"移动"选项，并在其后的文本框中输入移动距离为 200.00。单击"选项"按钮，弹出如图 6.2.46 所示的"选项"界面。根据需要隐藏原始几何，然后单击"完成"按钮，完成选择性粘贴曲面，如图 6.2.47 所示。

图 6.2.43　粘贴选项

图 6.2.44　"移动（复制）"选项卡

图 6.2.45　"变换"界面

图 6.2.46　"选项"界面

图 6.2.47　选择性粘贴曲面

曲面的复制/粘贴功能，可根据需要完成对曲面的移动与旋转操作。

复杂曲面设计

6.3.1　边界混合曲面

边界混合曲面是在选定的参考图元（它们在一个或两个方向上定义曲面）之间创建的混合曲面。系统以在每个方向上选定的第一个和最后一个图元来定义曲面的边界。一个方向上可以有超过两条的曲线用以对曲面进行控制。

创建边界混合曲面时选取参考图元的规则如下：

① 参考图元可以是曲线、模型边、基准点、曲线或边的端点。

② 在每个方向上，都必须按顺序选择参考图元。

③ 在两个方向上定义的混合曲面，其外部边界必须是封闭环，即两个方向上的边界必须相交。

下面举例说明创建边界混合曲面的操作方法。

步骤 1　绘制第一个方向上的曲线。

在左侧"模型树"选项卡中选择 FRONT 平面，在弹出的快捷菜单中选择"平面"选项 ▱ ，在打开的"基准平面"对话框中分别创建偏移值为 100 和-200 的基准平面 DTM1 和 DTM2，然后单击"确定"按钮。在 FRONT 平面草绘如图 6.3.1 所示的曲线 1，在 DTM1 平面草绘如图 6.3.2 所示的曲线 2，在 DTM2 平面草绘如图 6.3.3 所示的曲线 3。

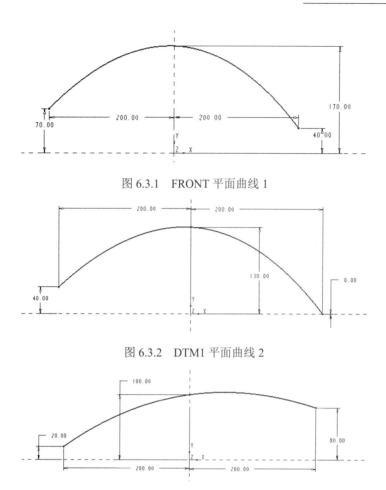

图 6.3.1　FRONT 平面曲线 1

图 6.3.2　DTM1 平面曲线 2

图 6.3.3　DTM2 平面曲线 3

步骤 2　绘制第二个方向上的曲线。

在左侧"模型树"选项卡中选择 RIGHT 平面，在弹出的快捷菜单中选择"平面"选项，在打开的"基准平面"对话框中分别创建偏移值为 200 和-200 的基准平面 DTM3 和 DTM4。在 RIGHT 平面草绘如图 6.3.4 所示的曲线 4，在 DTM3 平面草绘如图 6.3.5 所示的曲线 5，在 DTM4 平面草绘如图 6.3.6 所示的曲线 6。

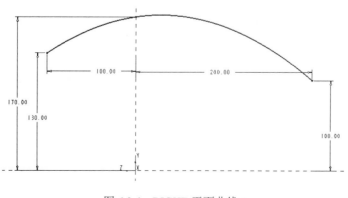

图 6.3.4　RIGHT 平面曲线 4

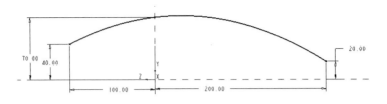

图 6.3.5 DTM3 平面曲线 5

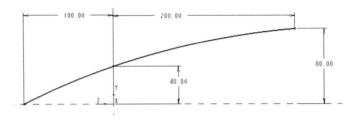

图 6.3.6 DTM4 平面曲线 6

步骤 3 单击"模型"选项卡"曲面"选项组中的"边界混合"按钮,在功能区出现如图 6.3.7 所示的"边界混合"选项卡。单击"选择项"定义第一个方向上的曲线,按住 Ctrl 键依次选中曲线 2、曲线 1、曲线 3;再单击"单击此处添加项"定义第二个方向上的曲线,按住 Ctrl 键依次选中曲线 5、曲线 4、曲线 6。

图 6.3.7 "边界混合"选项卡

步骤 4 单击"边界混合"选项卡中的"完成"按钮,完成边界混合曲面,如图 6.3.8 所示。

图 6.3.8 边界混合曲面

"边界混合"命令在造型设计中的应用十分广泛,其使用方法相对来说比较容易理解,但是要熟练应用该命令,还需要充分认识其中各子命令的作用。

6.3.2 自由式曲面

自由式是一种更灵活的曲面创建方式,它可以方便地定位和修改选定的对象,并可创建多个断开的对象,还可在任何地方添加新的原始对象。其具体操作方法如下:

步骤 1 单击"模型"选项卡"曲面"选项组中的"自由式"按钮 ,功能区出现如

图 6.3.9 所示的"自由式"选项卡。

图 6.3.9 "自由式"选项卡

步骤 2 单击"自由式"选项卡"操作"选项组中的"形状"下拉按钮,在弹出的下拉列表中选择"选取立方体初始形状"选项 ▣ ,单击初始立方体的表面激活三维变换坐标系,如图 6.3.10 所示。拖动平面法向箭头并手动调整模型的厚度,得到如图 6.3.11 所示的特征。

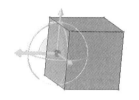

图 6.3.10 三维变换坐标系

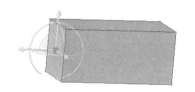

图 6.3.11 增加厚度

步骤 3 单击上表面的侧棱,如图 6.3.12 所示,并朝箭头方向拖动,形成如图 6.3.13 所示的梯形特征,对称的棱做相同的梯度特征,得到如图 6.3.14 所示的特征。

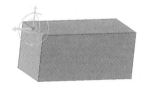

图 6.3.12 选中侧棱

图 6.3.13 梯形特征

图 6.3.14 右梯形特征

步骤 4 单击上平面,然后单击"自由式"选项卡"创建"选项组中的"面分割"下拉按钮 ▣ 面分割▾,单击两次 ▣ 25% (或按两次"Shift+2"组合键),并拖动上平面向箭头反方向到适当位置,然后单击"确定"按钮,完成如图 6.3.15 所示的自由式特征的创建。

图 6.3.15 调整上平面

步骤 5 单击"模型"选项卡"工程"选项组中的"倒圆角"按钮,在功能区出现如图 6.3.16 所示的"倒圆角"选项卡。在文本框中输入 15.00,选择上下表面 8 个棱边,然后单击"完成"按钮,完成如图 6.3.17 所示的倒圆角特征。

图 6.3.16 "倒圆角"选项卡

图 6.3.17　倒圆角

　　自由式曲面创建方法灵活多变,用户可根据需要选择合适的基本形状完成曲面造型。

6.3.3　顶点倒圆角

　　顶点倒圆角是倒圆角的一种,一般适用于单一曲面,在其顶点处形成所需大小的圆角。但其适用范围有限制性,只能用于单独顶点处,在两面或两面以上的交叉顶点处不适用。

　　下面举例说明创建顶点倒圆角的操作方法。

　　步骤1　单击"模型"选项卡"形状"选项组中的"拉伸"按钮,功能区出现如图 6.2.3 所示的"拉伸"选项卡。

　　步骤2　单击选项卡中的"拉伸为曲面"按钮以确认生成曲面,单击"放置"界面中的"定义"按钮,在打开的"草绘"对话框中选择 FRONT 平面作为草绘平面。然后单击"草绘"按钮,进入草绘环境并完成如图 6.3.18 所示的草绘图形,完成后单击"草绘"选项卡"关闭"选项组中的"确定"按钮退出草绘环境。

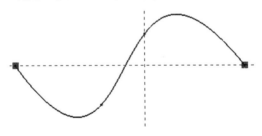

图 6.3.18　草图图形

　　步骤3　在"拉伸"选项卡中选择拉伸模式为对称，并在其后的文本框中输入深度值为 150,如图 6.3.19 所示。然后单击"拉伸"选项卡中的"完成"按钮,完成拉伸曲面创建的操作, 如图 6.3.20 所示。

图 6.3.19　拉伸模式选择

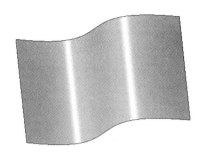

图 6.3.20　拉伸曲面

步骤 4　单击"模型"选项卡"曲面"选项组中的"曲面"下拉按钮，在弹出的下拉列表中选择"顶点倒圆角"选项，如图 6.3.21 所示，在功能区出现如图 6.3.22 所示的"顶点倒圆角"选项卡。在文本框中输入圆角半径 30.00。

图 6.3.21　"曲面"下拉列表　　　　　图 6.3.22　"顶点倒圆角"选项卡

步骤 5　按住 Ctrl 键选择曲面的 4 个顶点，完成后单击"顶点倒圆角"选项卡中的"完成"按钮，完成曲面的顶点倒圆角操作，效果如图 6.3.23 所示。

图 6.3.23　顶点倒圆角曲面

6.3.4　将切面混合到曲面

将切面混合到曲面这一功能实现了以现有的边线或曲线为参考创建与某个曲面相切的拔模曲面。其主要有以下 3 种基本类型。

1）创建曲线驱动相切拔模。

2）使用超出拔模曲面的恒定拔模角度进行相切拔模，通过沿参照曲线的轨迹与拖动方向成指定角度来创建相切曲面，适用范围比一般拔模广。

3）在拔模曲面内部使用恒定拔模角度进行相切拔模，通过边线向曲面内部产生一个具有恒定角度的相切曲面。

下面举例说明将切面混合到曲面的操作方法。

步骤 1 单击"模型"选项卡"形状"选项组中的"拉伸"按钮，创建如图 6.3.24 所示的拉伸实体，拉伸截面如图 6.3.25 所示，拉伸深度值为 400。

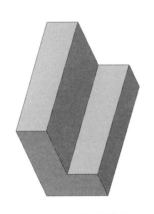

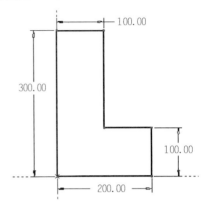

图 6.3.24　拉伸模型　　　　　　　　　　　图 6.3.25　草绘截面

步骤 2 选择模型底面为草绘平面，绘制如图 6.3.26 所示的曲线，得到如图 6.3.27 所示的模型。

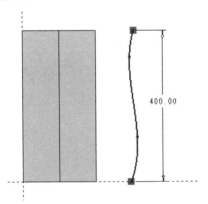

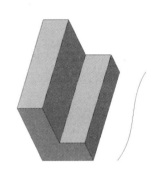

图 6.3.26　草绘图形　　　　　　　　　　　图 6.3.27　创建模型

步骤 3 单击"模型"选项卡"曲面"选项组中的"曲面"下拉按钮，在弹出的下拉列表中选择"将切面混合到曲面"选项，如图 6.3.28 所示，打开如图 6.3.29 所示的"曲面：相切曲面"对话框。可以看到"基本选项"选项组中有 3 种类型。

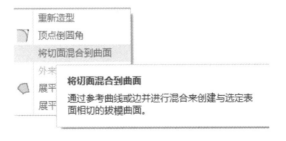

图 6.3.28　选择"将切面混合到曲面"选项

图 6.3.29 "曲面：相切曲面"对话框

① 在"基本选项"选项组中，选择第一个"创建曲线驱动'相切拔模'"选项，方向选择为"单侧"，在弹出的菜单管理器中选择"平面"选项，如图 6.3.30 所示，然后选择模型底面确定向上为正方向，再选择"方向"中的"确定"选项。在"曲面：相切曲面"对话框中选择"参考"选项卡，如图 6.3.31 所示。分别选择如图 6.3.32 所示的曲线和曲面为拔模线与相切面，然后单击"确定"按钮，完成驱动曲线相切拔模的创建，如图 6.3.33所示。

图 6.3.30 方向菜单管理器

图 6.3.31 "参考"选项卡 1

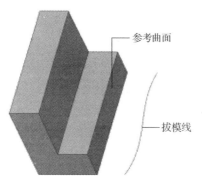

图 6.3.32　参考的选择

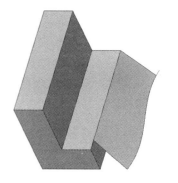

图 6.3.33　驱动曲线相切拔模

注意

　　若拔模曲线的位置不同，参照曲面的位置也不同；拔模曲线的高度不能低于基准平面。

　　② 在"基本选项"选项中选择第二个"使用超出拔模曲面的恒定拔模角度进行相切拔模"选项，方向选择为"单侧"，在弹出的菜单管理器中选择"平面"选项，然后选择模型底面确定向下为正方向，再选择"方向"中的"确定"选项。在"曲面：相切曲面"对话框中选择"参考"选项卡，如图 6.3.34 所示。选择如图 6.3.35 所示的曲线为拔模线，设置拔模参数，角度为 10.0、半径为 50.00，然后单击"确定"按钮，完成使用超出拔模曲面的恒定拔模角度进行相切拔模的创建，如图 6.3.36 所示。

图 6.3.34　"参考"选项卡 2

图 6.3.35　拔模曲线 1

图 6.3.36　模型效果图 1

若为双侧拔模则方向无影响，单侧拔模应慎重考虑方向的选择。

③ 在"基本选项"选项组中，选择第三个"在拔模曲面内部使用恒定拔模角度进行相切拔模"选项，方向选择为"单侧"，在弹出的菜单管理器中选择"平面"选项，然后选择模型底面确定向下为正方向，再选择"方向"中的"确定"选项。在"曲面：相切曲面"对话框中选择"参考"选项卡，如图 6.3.37 所示。选择如图 6.3.38 所示的曲线为拔模线，设置拔模参数，角度为 10.0、半径为 50.00，然后单击"确定"按钮，完成使用超出拔模曲面的恒定拔模角度进行相切拔模的创建，如图 6.3.39 所示。

图 6.3.37　"参考"选项卡 3

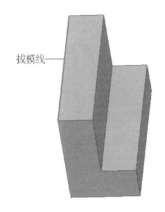

图 6.3.38 拔模曲线 2

图 6.3.39 模型效果图 2

6.3.5 展平面组

展平面组是将曲面沿曲面上的一个固定点进行展开，使展开的曲面与原曲面相切。下面举例说明使用展平面组的操作方法。

步骤1 选择 FRONT 平面草绘如图 6.3.40 所示的曲线，创建拉伸曲面如图 6.3.41 所示，拉伸深度为 600。

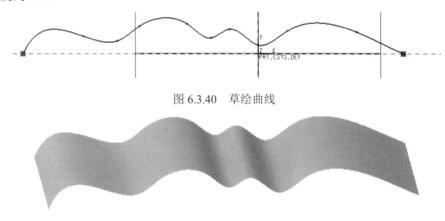

图 6.3.40 草绘曲线

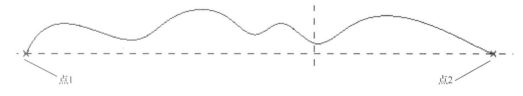

图 6.3.41 拉伸曲面

步骤2 选择 FRONT 平面，在曲线的两端草绘如图 6.3.42 所示的点 1 与点 2。

点1   点2

图 6.3.42 草绘基准点

步骤3 单击"模型"选项卡"曲面"选项组中的"曲面"下拉按钮，在弹出的下拉列表中选择"展平面组"选项，如图 6.3.43 所示，在功能区出现如图 6.3.44 所示的"展平面组"选项卡。"曲面"选择如图 6.3.41 所示的拉伸曲面，"原点"选择点 1，单击"展平面组"选项卡中的"完成"按钮,完成点 1 的展平面组的创建,如图 6.3.45 所示。使用同样的方法完成点 2 的展平面组创建,如图 6.3.46 所示。

图 6.3.43　选择"展平面组"选项

图 6.3.44　"展平面组"选项卡

图 6.3.45　点 1 展平面组效果

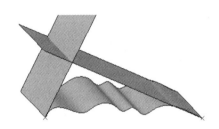

图 6.3.46　点 2 展平面组效果

修改与编辑曲面

6.4.1　修剪曲面

曲面的修剪是利用曲面上的曲线、与之相交的另一曲面或基准平面对原曲面进行剪切或分割。修剪曲面的方法有很多,大致可以分为两种:一种是利用所画图形修剪曲面;另一种是沿着曲面上的曲线或与之相交的曲面、基准平面进行修剪。

1. 一般曲面修剪

一般曲面修剪是通过拉伸、旋转、扫描等方式移除不需要的部分。

步骤 1　打开实例模型 1,如图 6.4.1 所示。

步骤 2　单击"模型"选项卡"形状"选项组中的"拉伸"按钮,在"拉伸"选项卡中(图 6.4.2)单击"拉伸为曲面"按钮和"移除材料"按钮,并选择整个实例图形作为要修剪的曲面。

图 6.4.1　实例模型 1　　　　　　　　　　图 6.4.2　"拉伸"选项卡

步骤 3　单击"放置"界面中的"定义"按钮，打开"草绘"对话框。选择 TOP 平面为基准平面，单击"草绘"按钮进入草绘环境，绘制如图 6.4.3 所示的草图，完成后单击"确定"按钮，退出草绘环境。

步骤 4　单击"拉伸方向"按钮 ，并单击"预览"按钮 ，观察移除材料的效果是否满足要求，设置完成后单击"拉伸"选项卡中的"完成"按钮，完成拉伸移除材料特征的创建，如图 6.4.4 所示。

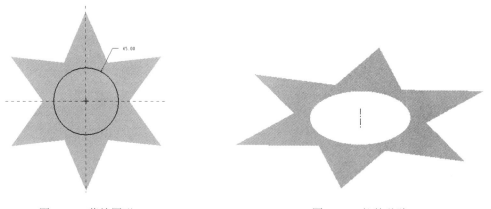

图 6.4.3　草绘图形　　　　　　　　　　图 6.4.4　拉伸移除

2．用面组或曲线修剪曲面

利用专门的修剪工具，对已有的曲面、基准平面和基准曲线等修剪对象进行修剪。

步骤 1　打开实例模型 2，如图 6.4.5 所示。

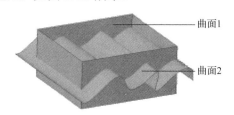

图 6.4.5　实例模型 2

步骤 2　选中曲面 1，单击"模型"选项卡"编辑"选项组中的"修剪"按钮，功能区出现如图 6.4.6 所示的"曲面修剪"选项卡。选取曲面 2，单击"修剪方向"按钮 ，然后单击"预览"按钮，观察修剪后的效果是否满足要求，设置完成后单击"曲面修剪"选项卡中的"完成"按钮，完成第一个修剪曲面特征的创建，如图 6.4.7 所示。

步骤 3 选中曲面 2，单击"模型"选项卡"编辑"选项组中的"修剪"按钮，在功能区出现的"曲面修剪"选项卡。选取曲面 1，单击"修剪方向"按钮，然后单击"预览"按钮，观察修剪后的效果是否满足要求，设置完成后单击"曲面修剪"选项卡中的"完成"按钮，完成第二个修剪曲面特征的创建，如图 6.4.8 所示。

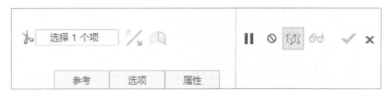

图 6.4.6 "曲面修剪"选项卡

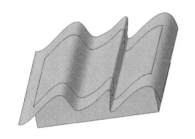

图 6.4.7 修剪第一个曲面

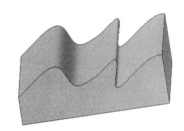

图 6.4.8 修剪第二个曲面

3．薄曲面修剪

薄曲面修剪是一种特殊的修剪方式，类似于实体的薄壁切削功能。

步骤 1 打开实例模型 3，如图 6.4.9 所示。选中曲面 1，单击"模型"选项卡"编辑"选项组中的"修剪"按钮，在功能区出现"曲面修剪"选项卡，如图 6.4.6 所示。

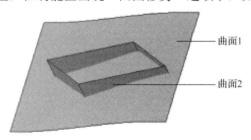

图 6.4.9 实例模型 3

步骤 2 选取曲面 2，单击"选项"按钮，弹出如图 6.4.10 所示的"选项"界面，选中"薄修剪"复选框，并在其后的文本框中输入偏移值 10.00。单击"曲面修剪"选项卡中的"修剪方向"按钮，然后单击"预览"按钮，观察修剪的效果是否满足要求，设置完成后单击"曲面修剪"选项组中的"完成"按钮，完成薄修剪曲面特征的创建，如图 6.4.11 所示。

图 6.4.10 "选项"界面

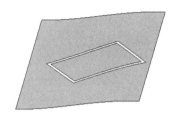

图 6.4.11 薄曲面修剪模型

6.4.2 合并与延伸曲面

曲面的合并，是指对两个相邻或相交的曲面（或面组）进行合并。合并后的面组是一个单独的特征，若删除合并特征，原始面组仍会保留。

1. 曲面的合并

步骤 1 打开曲面合并模型，如图 6.4.12 所示。按住 Ctrl 键选中曲面 1 和曲面 2，单击"模型"选项卡"编辑"选项组中的"合并"按钮，功能区出现如图 6.4.13 所示的"合并"选项卡。

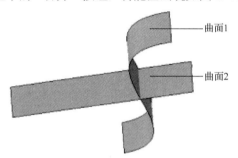

曲面1

曲面2

图 6.4.12 曲面合并模型

参考 选项 属性

图 6.4.13 "合并"选项卡

步骤 2 在"合并"选项卡中单击"方向"按钮 ⫽⫽，根据需要调整需要保留的部分，然后单击"完成"按钮，得到如图 6.4.14 所示的合并曲面。

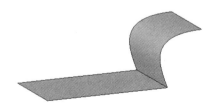

图 6.4.14 合并曲面

2. 曲面的延伸

步骤1 打开曲面延伸模型，如图 6.4.15 所示，选中曲面需要延伸的边，单击"模型"选项卡"编辑"选项组中的"延伸"按钮，功能区出现如图 6.4.16 所示的"延伸"选项卡。

图 6.4.15 曲面延伸模型

图 6.4.16 "延伸"选项卡 1

步骤2 单击"沿原始曲面延伸曲面"按钮 ，并在其后的文本框中输入延伸距离值 50.00，然后单击"完成"按钮，得到如图 6.4.17 所示的曲面。

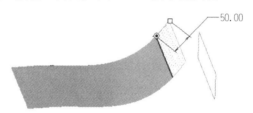

图 6.4.17 沿曲面延伸曲面

注意

在"延伸"选项卡中，在"沿原始曲面延伸曲面"按钮被按下的状态下，单击"选项"按钮，弹出如图 6.4.18 所示的"选项"界面，延伸曲面有以下 3 种方法。

"相同"：创建与原始曲面相同类型的延伸曲面。

"相切"：创建与原始曲面相切的延伸曲面。

"逼近"：创建与原始曲面形状逼近的延伸曲面。

图 6.4.18 "选项"界面

步骤 3 选中如图 6.4.19 所示的需要延伸的边，单击"模型"选项卡"编辑"选项组中的"延伸"按钮，在功能区出现如图 6.4.20 所示的"延伸"选项卡。单击"将曲面延伸到参考平面"按钮，并选择平面 DTM1。

图 6.4.19 延伸边的选择

图 6.4.20 "延伸"选项卡 2

步骤 4 单击"延伸"选项卡中的"完成"按钮，得到如图 6.4.21 所示的延伸曲面。

图 6.4.21 延伸曲面

6.4.3 加厚曲面

曲面的"加厚"命令可以将已经创建完成的曲面特征用增加材料的方式转化为薄壁实体，为之后创建复杂实体特征提供方便。

步骤 1 打开曲面加厚模型，如图 6.4.22 所示。

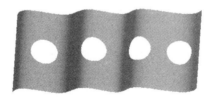

图 6.4.22 曲面加厚模型

步骤 2 选中实例曲面，单击"模型"选项卡"编辑"选项组中的"加厚"按钮，功能区出现如图 6.4.23 所示的"加厚"选项卡，在"总加厚偏移值"文本框中输入加厚值 10.00。

图 6.4.23 "加厚"选项卡

步骤 3 单击"加厚"选项卡中的"完成"按钮，得到如图 6.4.24 所示的加厚曲面模型。

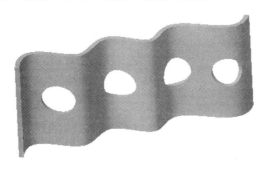

图 6.4.24 加厚曲面模型

当用于加厚的厚度低于与其相交的材料厚度时，加厚特征可使用"移除材料"按钮将多余材料移除。

6.4.4 曲面实体化

曲面实体化是将创建的曲面特征直接转化为实体特征。此命令将面组用作实体边界来实体化，具体操作方法如下：

1. 封闭面组实体化

步骤 1 打开曲面实体化模型，如图 6.4.25 所示。按住 Ctrl 键选中每个曲面，单击"模型"选项卡"编辑"选项组中的"合并"按钮，得到一个面组。

步骤 2 选中合并后的曲面，单击"模型"选项卡"编辑"选项组中的"实体化"按钮，功能区出现如图 6.4.26 所示的"实体化"选项卡，单击"完成"按钮，得到如图 6.4.27 所示的实体化模型。

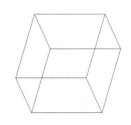

图 6.4.25 曲面实体化模型 1

图 6.4.26 "实体化"选项卡 1

图 6.4.27 实体化模型 1

执行实体化的曲面必须是封闭面组。

2．用曲面代替部分实体表面

用曲面代替部分实体表面，是指可以用一个曲面（或面组）替代实体表面的一部分。

替换曲面的所有边界都必须位于实体表面上。

图 6.4.28　曲面实体化模型 2

步骤 1　打开曲面实体化模型，如图 6.4.28 所示。

步骤 2　选中曲面，单击"模型"选项卡"编辑"选项组中的"实体化"按钮，功能区出现如图 6.4.29 所示的"实体化"选项卡。单击"用面组替换部分曲面"按钮  ，确定需要保留的部分，然后单击"完成"按钮，得到如图 6.4.30 所示的实体化模型。

图 6.4.29　"实体化"选项卡 2

图 6.4.30　实体化模型 2

6.4.5　移除曲面

移除曲面是指在移除几何特征时不需要改变特征的历史记录，也无须重新定义参考或其他特征，并且在移除几何特征时会延伸曲面或修剪临近的曲面，以达到收敛或封闭空白区域的目的。

步骤 1　打开移除曲面模型，如图 6.4.31 所示。

步骤 2　单击"模型"选项卡"编辑"选项组中的"编辑"下拉按钮，在弹出的下拉列表中选择"移除"选项，如图 6.4.32 所示，功能区出现如图 6.4.33 所示的"移除曲面"选项卡。

图 6.4.31　移除曲面模型

图 6.4.32　"编辑"下拉列表

图 6.4.33　"移除曲面"选项卡

步骤 3 选择需要移除的曲面，如图 6.4.34 所示，单击"选项"按钮，弹出如图 6.4.35 所示的"选项"界面。可按模型需要进行选择。

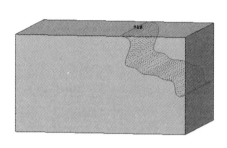

图 6.4.34 选择移除曲面 图 6.4.35 "选项"界面

步骤 4 设置完成后，单击"移除曲面"选项卡中的"完成"按钮，得到移除曲面后的模型，如图 6.4.36 所示。

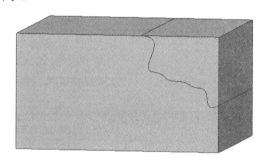

图 6.4.36 移除曲面后的模型

6.5

曲线与曲面的曲率分析

6.5.1 曲线的曲率分析

曲线的曲率用于描述曲线偏离直线的程度，一般用曲线上某点的切线方向角对弧长的转动率进行描述。曲线曲率的分析是指在曲线创造曲面之前，检查曲线的质量，用于描述曲线的弯曲程度。曲率越高，曲线的弯曲程度也越高，并且有助于验证曲线间的连续性。

步骤 1 打开曲率图形，如图 6.5.1 所示。

步骤 2 单击"分析"选项卡"检查几何"选项组中的"曲率"按钮，打开如图 6.5.2 所示的"曲率分析"对话框。

图 6.5.1　曲率图形　　　　　　　　　　　　图 6.5.2　"曲率分析"对话框

步骤 3　单击"几何"右侧的"选择项",然后单击实例中的曲线,在"比例"文本框中输入 200.00,其他参数保留系统默认,然后单击"确定"按钮。此时在绘图区中显示如图 6.5.3 所示的曲率图,通过显示的曲率图可以查看该曲线的曲率走向。

步骤 4　在"曲率分析"对话框中的结果区域,可查看曲线的最大曲率、最小曲率,如图 6.5.4 所示。

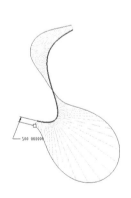

图 6.5.3　曲率图　　　　　　　　　　　　图 6.5.4　查看最大曲率、最小曲率

6.5.2　曲面的曲率分析

曲面的曲率一般用高斯曲率来衡量,即曲面上某一点的最大曲率与最小曲率的乘积。此分析可从曲面的着色曲率图中观察曲率曲面的变化,是否有尖点和褶皱现象,从而帮助用户得到高质量的曲面。

步骤 1 打开曲率模型，如图 6.5.5 所示。

步骤 2 单击"分析"选项卡"检查几何"选项组中的"曲率"下拉按钮，在弹出的下拉列表中选择"着色曲率"选项，打开"着色曲率分析"对话框，如图 6.5.6 所示。

图 6.5.5 曲率模型

图 6.5.6 "着色曲率分析"对话框

步骤 3 在"着色曲率分析"对话框中，单击"曲面"右侧的"选择项"，然后选择实例模型曲面，此时出现如图 6.5.7 所示的一个彩色分布图，同时打开如图 6.5.8 所示的"颜色比例"对话框。彩色分布图中的不同颜色代表不同大小的曲率，颜色和曲率大小的对应关系可以从"颜色比例"对话框中查阅。

图 6.5.7 彩色分布图

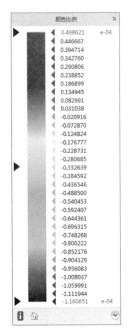

图 6.5.8 "颜色比例"对话框

步骤 4　在"着色曲率分析"对话框"分析"选项卡中的结果区域，可查看曲面的最大高斯曲率、最小高斯曲率，如图 6.5.9 所示。

图 6.5.9　查看最大高斯曲率、最小高斯曲率

综合实例——花瓶

本节是一个综合性的曲面建模的实例，需要先用旋转命令创建本体曲面，进行倒圆角修饰，然后用拉伸移除材料给花瓶创建瓶口花纹，并用阵列命令使花纹均匀分布，使用旋转命令创建底座支撑，最后用加厚的方式将瓶身转化为薄板实体特征。这样就完成了一个别致的花瓶模型的创建。花瓶零件模型如图 6.6.1 所示。

图 6.6.1　花瓶零件模型

步骤 1 新建零件模型，命名为"花瓶"。

步骤 2 单击"模型"选项卡"形状"选项组中的"旋转"按钮，在"旋转"选项卡的"放置"界面中单击"定义"按钮，打开"草绘"对话框。选择 FRONT 平面为草绘基准平面，单击"草绘"按钮，进入草绘环境并绘制如图 6.6.2 所示的草图，然后单击"草绘"选项卡"关闭"选项组中的"确定"按钮退出草绘环境。在"旋转"选项组中选择旋转为曲面，并在其后的文本框中输入旋转值为 360，然后单击"完成"按钮。完成的旋转模型如图 6.6.3 所示。

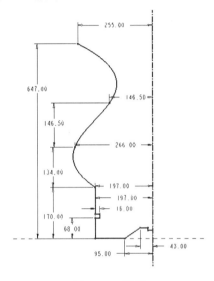

图 6.6.2 草图   图 6.6.3 旋转模型 1

步骤 3 单击"模型"选项卡"工程"选项组中的"倒圆角"按钮，按住 Ctrl 键选取花瓶底部需要倒圆角的边线，如图 6.6.4 所示，在"倒圆角"选项卡中设置圆角半径为 12，然后单击"完成"按钮，完成倒圆角的设置。效果如图 6.6.5 所示。

图 6.6.4 倒圆角边线   图 6.6.5 倒圆角特征

步骤 4 将 TOP 平面向上偏移 500，得到偏移平面 DTM1。

步骤 5 单击"模型"选项卡"形状"选项组中的"拉伸"按钮，在"拉伸"选项卡中单击"放置"界面中的"定义"按钮，打开"草绘"对话框。选择平面 DTM1 为基准平面，单击"草绘"按钮，进入草绘环境并绘制如图 6.6.6 所示的草图，然后单击"草绘"选项卡"关闭"选项组中的"确定"按钮退出草绘环境。在"拉伸"选项卡中单击"移除材料"按钮，在文本框中输入拉伸值为 200，然后单击"完成"按钮，得到如图 6.6.7 所示的拉伸模型。

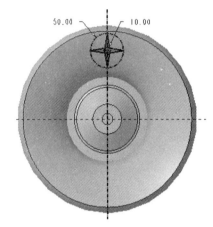

图 6.6.6　拉伸草图

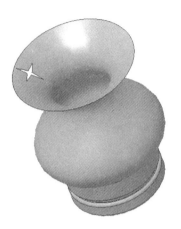

图 6.6.7　拉伸模型

图 6.6.8　阵列模型 1

步骤 6　在左侧的"模型树"选项卡中选中"拉伸 1"特征，单击"模型"选项卡"编辑"选项组中的"阵列"按钮，在"阵列"选项卡中设置阵列个数为 5、角度为 360、中心为旋转中心线，然后单击"完成"按钮，得到如图 6.6.8 所示的阵列模型。

步骤 7　单击"模型"选项卡"形状"选项组中的"旋转"按钮，在"旋转"选项卡中单击"放置"界面中的"定义"按钮，打开"草绘"对话框。选择 RIGHT 平面为基准平面，单击"草绘"按钮，进入草绘环境并绘制如图 6.6.9 所示的草图，然后单击"草绘"选项卡"关闭"选项组中的"确定"按钮退出草绘环境。在"旋转"选项卡中设置旋转角度为 12，然后单击"完成"按钮，得到如图 6.6.10 所示的旋转模型。

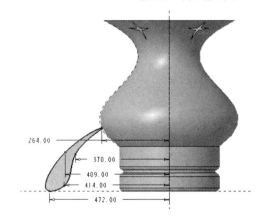

图 6.6.9　旋转草图

图 6.6.10　旋转模型 2

　　步骤 8　在左侧的"模型树"选项卡中选中"旋转 2"特征，单击"模型"选项卡"编辑"选项组中的"阵列"按钮，在"阵列"选项卡中设置阵列个数为 3、角度为 360、中心为旋转中心线，然后单击"完成"按钮，得到如图 6.6.11 所示的阵列模型。

　　步骤 9　选中花瓶瓶身，单击"模型"选项卡"编辑"选项组中的"加厚"按钮，在"加厚"选项卡中调整加厚方向，箭头朝花瓶内部，并设置加厚值为 10，然后单击"完成"按钮，得到如图 6.6.12 所示的加厚模型。

图 6.6.11　阵列模型 2　　　　　　　　　图 6.6.12　加厚模型

　　步骤 10　单击"视图"选项卡"模型显示"选项组中的"显示样式"下拉按钮，在弹出的下拉列表中选择"带反射着色"选项，得到如图 6.6.1 所示的花瓶零件模型。

7 单元

钣金设计

>>>>>

◎ **单元导读**

  钣金件具有质量轻、强度高、成本低、性能好等特点，在电子电器、通信、汽车工业、医疗器械等领域具有广泛的应用。钣金件设计是产品开发过程中重要的一环。机械设计工程师必须熟练掌握钣金设计的方法技巧，使设计的钣金件既能满足产品的功能和外观要求，又能使冲压模具制造简单、成本低。

◎ **能力目标**

  ◆ 了解钣金设计。

  ◆ 掌握钣金壁的创建过程。

  ◆ 掌握钣金的折弯过程。

  ◆ 可以进行简单钣金件的设计。

  ◆ 通过讨论创建钣金的命令的使用方法和注意事项，掌握钣金件创建的一般方法。

◎ **思政目标**

  ◆ 树立正确的学习观、价值观，自觉践行行业道德规范。

  ◆ 牢固树立质量第一、信誉第一的强烈意识。

  ◆ 遵规守纪，安全生产，爱护设备，钻研技术。

7.1

钣金设计概述

钣金通常是针对 6mm 以下金属薄板的一种综合冷加工工艺，包括剪、冲、切、复合、折、焊接、铆接、拼接、成型（如汽车车身）等。其显著的特征就是同一零件厚度一致。通过钣金工业加工出的产品叫做钣金件。在满足产品的功能、外观等要求下，钣金件的设计应当保证冲压工序简单、冲压模具制作容易、钣金件冲压质量高、尺寸稳定等。

钣金件模型的各种结构与实体零件模型一样，也是以特征的形式建立的，但是钣金的设计也有自己独特的规律。使用 Creo 4.0 创建钣金件的过程大致如下：

步骤 1 通过新建一个钣金件模型，进入钣金设计环境。

步骤 2 以钣金件所支撑或保护的内部零件大小和形状尺寸为基础，创建第一钣金壁（主要钣金壁）。例如，设计机床床身护罩时，先按照床身的形状和大小尺寸建立第一钣金壁。

步骤 3 添加附加钣金壁。在第一钣金壁创建之后，通常需要在其基础之上添加另外的钣金壁，即附加钣金壁。

步骤 4 在钣金模型中，还可以随时添加一些实体特征，如实体切削特征、孔特征、圆角特征和倒角特征等。

步骤 5 创建钣金冲孔和切口特征，为钣金的折弯做准备。

步骤 6 进行钣金的折弯。

步骤 7 进行钣金的展平。

步骤 8 创建钣金件的工程图。

7.2

创建钣金壁

通常钣金壁是厚度一致的薄板，是一个钣金件最重要的部分。钣金件的各种特征，如钣金冲孔、折弯、切割等都要在钣金壁的特征上建立起来。

Creo 4.0 中有两种钣金壁，分别是第一钣金壁和分离的钣金壁。第一钣金壁是指用户在钣金环境中创建的第一个钣金壁特征，分离的钣金壁则是指用户在创建第一钣金壁之外创建的其他钣金壁特征。

7.2.1 创建第一钣金壁

打开 Creo 4.0，单击"主页"选项卡"数据"选项组中的"新建"按钮，在打开的"新建"对话框中的左侧"类型"选项组中选中"零件"单选按钮，在右侧"子类型"选项组中选中"钣金件"单选按钮，取消选中"使用默认模板"复选框，然后单击"确定"按钮。在打开的"新文件选项"对话框中选择国标单位 mmns_part_sheetmetal 模板，然后单击"确定"按钮进入钣金件设计环境。

用户创建第一钣金壁时，在"模型"选项"形状"选项组中单击"拉伸"按钮与"平面"按钮，即可创建拉伸类型与平面类型的第一钣金壁，如图 7.2.1 所示。

图 7.2.1　"形状"选项组

1．创建拉伸钣金壁

常见的第一钣金壁（图 7.2.2）可以用拉伸方法创建。在以拉伸的方式创建第一钣金壁时，首先绘制钣金壁的侧面轮廓草图，然后确定钣金厚度值与拉伸深度，输入给定值以后，系统将自动生成薄壁实体钣金件。

步骤 1　新建零件模型。

打开 Creo 4.0，单击"主页"选项卡"数据"选项组中的"新建"按钮，在打开的"新建"对话框中的左侧"类型"选项组中选中"零件"单选按钮，在右侧的"子类型"选项组中选中"钣金件"单选按钮，在"名称"文本框中输入文件名，取消选中"使用默认模板"复选框，然后单击"确定"按钮。在打开的"新文件选项"对话框中选择国标单位 mmns_part_sheetmetal 模板，然后单击"确定"按钮，进入钣金设计环境。

图 7.2.2　第一钣金壁

步骤 2　创建钣金轮廓草绘。

单击"模型"选项卡"形状"选项组中的"拉伸"按钮，以拉伸的方式创建第一钣金壁。单击"拉伸"按钮后，功能区出现"拉伸"选项卡，在选项卡中单击"拉伸为壁"按钮，如图 7.2.3 所示。单击"放置"按钮，在弹出的"放置"界面中单击"定义"按钮，打开"草绘"对话框。

图 7.2.3 "拉伸"选项卡

在"草绘"对话框中，选择 RIGHT 平面作为基准平面进行草绘，选择 FRONT 平面作为参考基准平面，单击"方向"下拉按钮，在弹出的下拉列表中选择"下"选项，即 FRONT 平面作为参考的底部。单击"草绘"按钮进入草绘环境，单击"草绘"选项卡"设置"选项组中的"草绘视图"按钮，系统会进行草绘平面的定向，草绘平面与屏幕平行放置，至此系统就进入了截面的草绘环境。

创建拉伸截面的草绘图形，各线段的尺寸如图 7.2.4 所示。

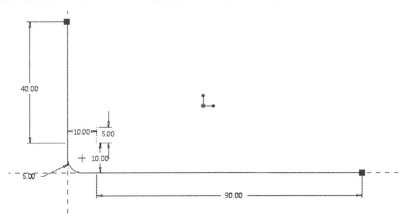

图 7.2.4 截面的草绘图形

步骤 3 创建钣金件。

在草绘环境中绘制并标注如图 7.2.4 所示的钣金截面草图，完成后单击"草绘"选项卡"关闭"选项组中的"确定"按钮。确定草绘以后，再次进入创建拉伸钣金件界面，如图 7.2.3 所示，分别在钣金件拉伸长度和钣金件厚度文本框中输入设计的参数，此处拉伸长度为 50，钣金厚度为 5，输入完成后，按 Enter 键确认。单击"拉伸"选项卡中的"完成"按钮，即完成钣金件参数的设置。若钣金件的拉伸方向为反向，单击钣金件拉伸长度之后的"反向"按钮，即可对钣金件的拉伸方向进行改变。

钣金件的所有要素定义完毕以后，单击"拉伸"选项卡中的"预览"按钮，预览所创建的钣金壁特征，检查各要素的定义是否正确。预览完成以后，单击"完成"按钮，完成钣金壁特征创建。

2．创建平面钣金壁

平面钣金壁是一个平整的薄板，在创建这类钣金壁时，需要首先结合绘制钣金壁的正面轮廓草图，正面草绘轮廓必须是封闭的，然后给定钣金壁的厚度即可完成。图 7.2.5 所示为一个平面钣金壁，创建平面钣金壁的具体操作步骤如下：

图 7.2.5　平面钣金壁

步骤 1　新建一个钣金件模型，选用国标单位 mmns_part_sheetmetal 模板。

步骤 2　单击"模型"选项卡"形状"选项组中的"平面"按钮，以平面的方式创建第一钣金壁，功能区出现如图 7.2.6 所示的"平面"选项卡。

图 7.2.6　"平面"选项卡

步骤 3　定义平面钣金壁轮廓。打开"草绘"对话框，选择 TOP 面作为草绘基准平面，选择 RIGHT 平面作为参考基准平面，设置方向为"右"，然后单击"草绘"按钮进入草绘环境。绘制截面草图，按照图 7.2.7 所示的截面尺寸进行绘制，完成草图后，单击"草绘"选项卡"关闭"选项组中的"确定"按钮，退出草绘环境。

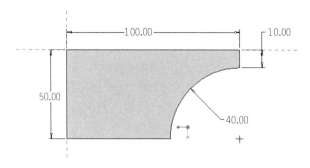

图 7.2.7　草绘截面

步骤 4　在"平面"选项卡的钣金厚度文本框中输入钣金件厚度为 5，按 Enter 键确认。单击"预览"按钮，预览创建的平面钣金壁特征，然后单击"完成"按钮完成创建。

7.2.2 创建平整附加钣金壁

创建了第一钣金壁以后，通过"模型"选型卡"形状"选项组还可以创建平整和法兰两种附加钣金壁。

1．平整附加钣金壁

单击"模型"选项卡"形状"选项组中的"平整"按钮，功能区出现"平整"选项卡，并进入平整附加钣金壁的创建环境。

创建平整类型的附加钣金壁时，首先在现有的第一钣金壁上选取某条边线作为创建附加钣金壁的附着边；其次需要定义平整壁的正面形状和尺寸，给出平整壁与第一钣金壁之间的夹角，如图 7.2.8 所示，其创建步骤如下：

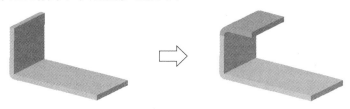

图 7.2.8 平整附加钣金壁

步骤 1 打开创建好的第一钣金壁文件，此处打开图 7.2.2 所示的拉伸钣金壁。

步骤 2 单击"模型"选项卡"形状"选项组中的"平整"按钮，功能区出现如图 7.2.9 所示"平整"选项卡。

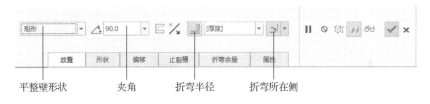

图 7.2.9 "平整"选项卡

步骤 3 选择一条附着边。单击"放置"按钮，选择图 7.2.10 所示模型的边线为附着边。

步骤 4 定义创建的附加平整壁形状。在"平整"选项卡中选择形状类型为"矩形"，如图 7.2.9 所示。

步骤 5 定义平整壁与第一钣金壁之间的夹角。在"平整"选项卡中的夹角输入框中输入角度为 90°。

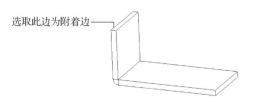

图 7.2.10 定义附着边

步骤 6 定义折弯半径。在折弯按钮 ▤ 被按下以后，在折弯按钮后会显示折弯半径文本框，用户可以自己输入折弯半径，也可以选择系统提供的折弯半径计算公式。折弯半径所在侧为内侧，单击下拉按钮 ⚊，在弹出的下拉列表中可以切换折弯半径的所在位置，如图 7.2.11 所示。

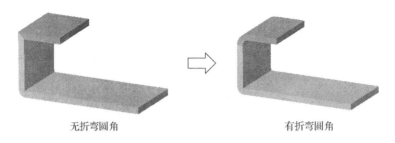

无折弯圆角   有折弯圆角

图 7.2.11 定义折弯

步骤 7 定义平整壁正面形状的尺寸。单击"平整"选项卡中的"形状"按钮，在弹出的"形状"界面的链接图中直接双击修改参数，修改完成后按 Enter 键确认。

步骤 8 在"平整"选项卡中单击"预览"按钮，预览所创建的特征，确认无误后，单击"完成"按钮，退出平整附加钣金壁的创建。

2. "平整"选项卡中的各选项说明

在"平整"选项卡中的形状下拉列表中，可设置平整壁的正面形状。

1）矩形：创建矩形的平整附加壁，如图 7.2.12（a）所示。

2）梯形：创建梯形的平整附加壁，如图 7.2.12（b）所示。

3）L：创建 L 形的平整附加壁，如图 7.2.12（c）所示。

4）T 形：创建 T 形的平整附加壁，如图 7.2.12（d）所示。

5）用户定义：创建自定义形状的平整附加壁，如图 7.2.12（e）所示。

在"平整"选项卡中的角度按钮 △ 右侧的文本框中，可以输入折弯角度的值；或在下拉列表中选择折弯角度的值，如图 7.2.13 所示。

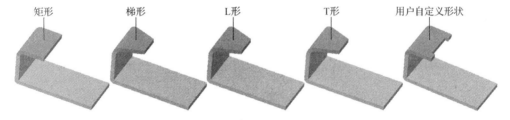

矩形   梯形   L形   T形   用户自定义形状

（a）矩形平整附加壁 （b）梯形平整附加壁 （c）L形平整附加壁 （d）T形平整附加壁（e）用户自定义形状平整附加壁

图 7.2.12 平整附加壁的形状

图 7.2.13 折弯角度设置

图 7.2.14 所示是几种折弯角度的效果图。

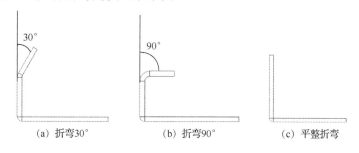

图 7.2.14　设置折弯角度

平整附加壁的折弯方向通过选择位置来确定，如图 7.2.15 所示。当选择边线 1 时，创建向右的平整附加壁，如图 7.2.16（a）所示；当选择边线 2 时，创建向左的平整附加壁，如图 7.2.16（b）所示。

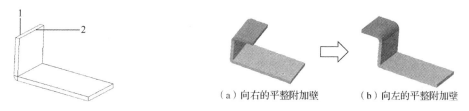

图 7.2.15　创建平整附加壁的位置　　　图 7.2.16　不同折弯方向的附加钣金壁

单击"平整"选项卡中的"反向"按钮 可以切换附加壁厚度的方向。默认为平整壁的内侧与附着边平齐，单击"反向"按钮之后，平整壁的外侧与附着边平齐，如图 7.2.17 所示。

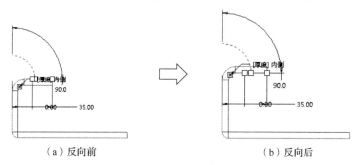

（a）反向前　　　　　　　　　　　　（b）反向后

图 7.2.17　设置附加壁的方向

单击"平整"选项卡中的 按钮，可使用或取消折弯半径。使用折弯半径时，可以在折弯半径之后的文本框中输入设定的半径值，如图 7.2.18 所示。

图 7.2.18　设置折弯半径

如图 7.2.19 所示，可以设置折弯半径标注于折弯外侧或折弯内侧。单击 按钮，则折弯半径标注于折弯外侧，标注的数值为外侧圆弧的半径值；单击 按钮，则折弯半径标注于折弯内侧，此时的折弯半径为内侧圆弧的半径值，如图 7.2.20 所示。

图 7.2.19　设置折弯半径所在侧

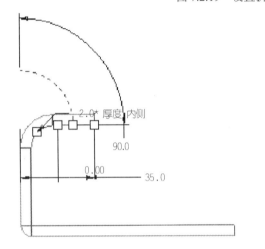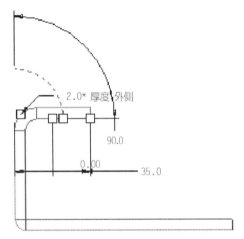

图 7.2.20　折弯半径标注位置

当用户需要重新定义平整附加壁的位置时，单击"平整"选项卡中的"放置"按钮，在弹出的"放置"界面中重新选择附着边，即可生成新的附加壁，如图 7.2.21 所示。

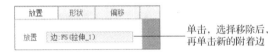

图 7.2.21　"放置"界面

"平整"选项卡中的"形状"按钮用于修改平整附加壁的正面形状参数。选择不同的正面形状，单击"形状"按钮会弹出不同的图形界面。当选择"矩形"形状时，其界面如图 7.2.22 所示。

"平整"选项卡中的"偏移"按钮用于将平整附加壁相对于附着边偏移一段距离。若在折弯角度中为"平整"，则该偏移按钮不起作用。

"平整"选项卡中的"止裂槽"按钮用于设置止裂槽。

"平整"选项卡中的"折弯余量"按钮用于设置钣金折弯时的弯曲系数，以便准确计算折弯展开长度，如图 7.2.23 所示。

"属性"界面可以显示特征的特性，包括特征的名称及各项特征的信息，如钣金件的厚度等，如图 7.2.24 所示。

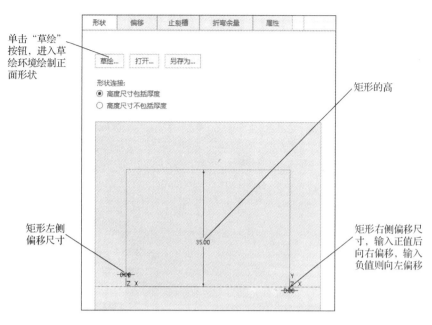

单击"草绘"按钮、进入草绘环境绘制正面形状

矩形的高

矩形左侧偏移尺寸

矩形右侧偏移尺寸，输入正值后向右偏移，输入负值则向左偏移

图 7.2.22   "形状"界面

图 7.2.23   "折弯余量"界面

单击此处可查看更所信息

图 7.2.24   "属性"界面

3. 自定义形状的平整附加钣金壁

用户通过在"平整"选项卡中的形状下拉列表中选择"用户定义"选项，可以自由定义平整壁的正面形状。在绘制平整壁正面形状的草图时，系统默认以附着边的两个端点为草绘参考，用户还应选取附着边为草绘参考，草图的起点与端点都要位于附着边上。下面以图 7.2.25 所示的平整附加钣金壁为例，对其创建的步骤过程进行说明。

图 7.2.25   自定义形状的平整附加钣金壁

步骤1   打开创建好的第一钣金壁文件，进入钣金建模环境。

步骤2   单击"模型"选项卡"形状"选项组中的"平整"按钮。

步骤 3　选取如图 7.2.26 所示的平整钣金壁附着边。

步骤 4　选取平整壁的形状为"用户定义",定义附加壁与主钣金壁之间的夹角为 90°。

步骤 5　绘制自定义平整壁的正面形状草图。单击"形状"按钮,在弹出的界面中单击"草绘"按钮,打开"草绘"对话框。接受系统默认的草绘平面和参考,单击"草绘"按钮,进入草绘环境。选择如图 7.2.26 所示的边线为参考线,绘制如图 7.2.27 所示的开放区域草图,然后单击"草绘"选项卡"关闭"选项组中的"确定"按钮,完成草图绘制,并退出草绘环境。

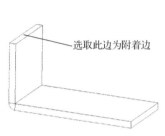

图 7.2.26　定义附着边

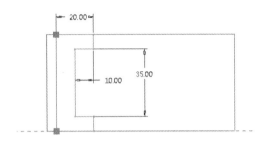

图 7.2.27　截面草图

步骤 6　在"平整"选项卡中单击"预览"按钮,预览所创建的特征,确认无误后,单击"完成"按钮,完成自定义平整附加壁的创建。

7.2.3　创建法兰附加钣金壁

法兰附加钣金壁是一种可以定义其侧面形状的钣金壁薄壁,其厚度与主钣金壁相同。在创建法兰附加钣金壁时,首先需要在现有的主钣金壁上选取某条边线作为法兰附加钣金壁的附着边,其次需要定义其侧面形状和尺寸等主要参数。

单击"模型"选项卡"形状"选项组中的"法兰"按钮,进入创建法兰附加钣金壁的环境,此时功能区出现"凸缘"选项卡。

1."凸缘"选项卡中的选项说明

（1）形状下拉列表

在图 7.2.28 所示的"凸缘"选项卡中的形状下拉列表中,可以选择法兰壁的侧面形状,如图 7.2.29 所示。

图 7.2.28　"凸缘"选项卡

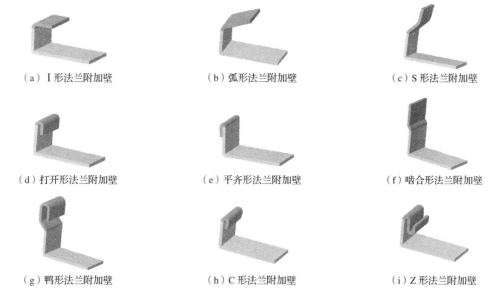

（a）I 形法兰附加壁　　　　　　（b）弧形法兰附加壁　　　　　　（c）S 形法兰附加壁

（d）打开形法兰附加壁　　　　　（e）平齐形法兰附加壁　　　　　（f）啮合形法兰附加壁

（g）鸭形法兰附加壁　　　　　　（h）C 形法兰附加壁　　　　　　（i）Z 形法兰附加壁

图 7.2.29　法兰附加壁的侧面形状

（2）偏移下拉列表

在"凸缘"选项卡中，图 7.2.30 所示的区域一用于设置第一个方向的长度，区域二用于设置第二个方向的长度。两个方向的长度分别为附加壁偏移附着边两个端点的尺寸，如图 7.2.31 所示。区域一和区域二各包括两个部分，长度定义下拉列表和长度文本框。在文本框中输入正值并按 Enter 键，附加壁向外偏移；在文本框中输入负值，附加壁向内偏移。也可以拖动附着边上的两个滑块来调整相应的长度距离。

区域一：设置第一个方向的长度

区域二：设置第二个方向的长度

长度至附着边的端点

由用户输入长度

长度至所选取的点、线或面上

图 7.2.30　设置两个方向的长度 1

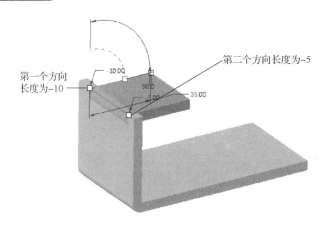

图 7.2.31　设置两个方向的长度 2

（3）"反向"按钮

单击"凸缘"选项卡中的"反向"按钮 ⅛，可切换薄壁厚度的方向，如图 7.2.32 所示。

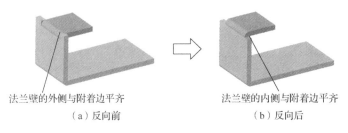

法兰壁的外侧与附着边平齐　　　　　　　　　　法兰壁的内侧与附着边平齐

（a）反向前　　　　　　　　　　　　　　　　　（b）反向后

图 7.2.32　设置厚度方向

（4）"放置"按钮

"凸缘"选项卡中的"放置"按钮用于定义法兰壁的附着边。单击"放置"按钮，弹出如图 7.2.33 所示的"放置"界面，通过该界面可以重新设置定义法兰壁的附着边。法兰壁生成的方向是附着边对面的方向。

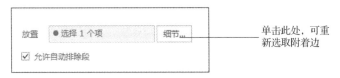

图 7.2.33　"放置"界面

（5）"形状"按钮

"形状"按钮用于设置法兰壁的侧面图形和尺寸。选择不同的侧面形状，单击"形状"按钮，会出现不同图形的界面。例如，选择 I 形形状时，其"形状"界面如图 7.2.34 所示。

（6）"长度"按钮

"长度"按钮用于设置第一、第二两个方向的偏移长度。如图 7.2.35 所示，该界面的功能与图 7.2.30 所示的界面是一样的。

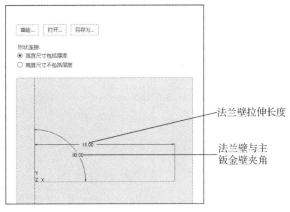

图 7.2.34　"形状"界面　　　　　　　　　　　图 7.2.35　"长度"界面

（7）"斜切口"按钮

"斜切口"按钮用于设置斜切口的各项参数。"斜切口"界面如图 7.2.36 所示。同时在相邻相切的直边和折弯边线上创建法兰壁时可以设置斜切边。

（8）"边处理"按钮

该按钮用于设置两个相邻的法兰附加钣金壁连接处的形状。"边处理"界面如图 7.2.37 所示。边处理的类型有开放、间隙、盲孔和重叠，效果如图 7.2.38 所示。

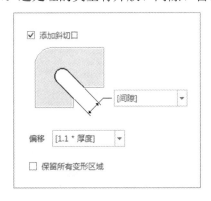

图 7.2.36　"斜切口"界面　　　　　　　　　图 7.2.37　"边处理"界面

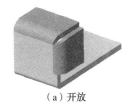
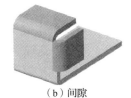
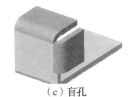
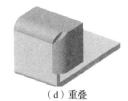

（a）开放　　　　（b）间隙　　　　（c）盲孔　　　　（d）重叠

图 7.2.38　"边处理"类型

2. 创建 I 形法兰附加钣金壁

下面介绍图 7.2.39 所示的 I 形钣金件的创建过程。

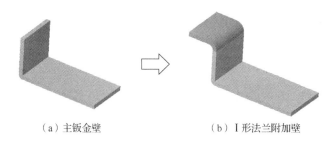

（a）主钣金壁   （b）I 形法兰附加壁

图 7.2.39　创建的 I 形法兰附加钣金壁

步骤 1　打开创建好的一个主钣金壁文件，此处打开图 7.2.2 所示的拉伸钣金壁。

步骤 2　单击"模型"选项卡"形状"选项组中的"法兰"按钮，功能区出现"凸缘"选项卡。

步骤 3　选取附着边。进入创建法兰附加钣金壁的环境后，先选取附着边，这里选取如图 7.2.40 所示的边线作为附着边。

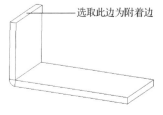

选取此边为附着边

图 7.2.40　选取附着边

步骤 4　在"凸缘"选项卡的形状下拉列表中选择法兰壁的侧面形状为 I 形。

步骤 5　定义折弯半径。在按钮 被按下之后，在后面的文本框中输入折弯半径或半径计算公式，此处选择为折弯半径等于钣金厚度，折弯半径所在侧为内侧 。

步骤 6　定义法兰壁的轮廓尺寸。单击"形状"按钮，在弹出的"形状"界面中，分别输入数值 35（拉伸距离）、90（钣金夹角），并分别按 Enter 键。

步骤 7　在"凸缘"选项卡中单击"预览"按钮，预览所创建的特征，在确认无误后，单击"完成"按钮，完成法兰附加钣金壁的创建。

7.2.4　止裂槽

止裂槽用于附加钣金壁与附着边部分相连，且弯曲角度不为 0 的情况，止裂槽可以有效地防止附加钣金壁与主钣金壁之间产生裂纹。Creo 4.0 中提供了 4 种止裂槽，下面将分别介绍。

1．拉伸止裂槽

在附加钣金壁的连接处，用材料拉伸折弯构建止裂槽，如图 7.2.41 所示。当创建该类止裂槽时，需要定义止裂槽的宽度及角度。

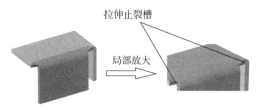

拉伸止裂槽

局部放大

图 7.2.41　拉伸止裂槽

2. 扯裂止裂槽

在附加钣金壁的连接处,通过垂直切割主壁材料至折弯线处来构造止裂槽,如图 7.2.42 所示。当创建该类止裂槽时,无须定义止裂槽的尺寸。

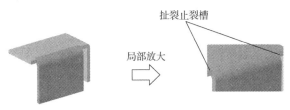

图 7.2.42   扯裂止裂槽

3. 矩形止裂槽

在附加钣金壁的连接处,将主壁材料切割成矩形缺口来构造止裂槽,如图 7.2.43 所示。创建该类止裂槽时,需要定义矩形的深度和宽度。

图 7.2.43   矩形止裂槽

4. 长圆形止裂槽

在附加钣金壁的连接处,将主壁材料切割成长圆形缺口来构建止裂槽,如图 7.2.44 所示。当创建该类止裂槽时,需要定义圆弧的直径及深度。

图 7.2.44   长圆形止裂槽

下面介绍图 7.2.45 所示的止裂槽的创建过程。

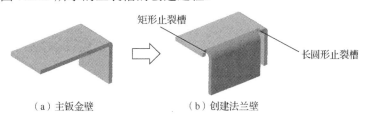

(a)主钣金壁   (b)创建法兰壁

图 7.2.45   创建的止裂槽

步骤 1 打开创建好的一个主钣金壁文件，此处打开图 7.2.2 所示的拉伸钣金壁。

步骤 2 单击"模型"选项卡"形状"选项组中的"法兰"按钮。

步骤 3 选取附着边。进入创建法兰钣金壁环境之后，选择如图 7.2.46 所示的边线作为附着边。

选择此边为附着边

图 7.2.46　定义附着边图

步骤 4 选择平整壁的形状类型，此处选择为 I 型。

步骤 5 定义法兰壁的侧面轮廓尺寸。单击"形状"按钮，在弹出的"形状"界面中，分别输入钣金壁拉伸长度 20，钣金壁夹角 90°，按 Enter 键确认。

步骤 6 定义长度。单击"长度"按钮，在弹出的"长度"界面中的下拉列表中选择"盲"选项，然后在其后的文本框中分别输入数值 -10 和 -10，按 Enter 键确认。

步骤 7 定义折弯半径。按下 █ 按钮之后，在其后的文本框中输入折弯半径。此处选择折弯半径的计算公式，折弯半径等于厚度，折弯半径所在侧为内侧。

步骤 8 定义止裂槽，如图 7.2.47 所示。

在"凸缘"选项卡中单击"止裂槽"按钮，在弹出的"止裂槽"界面中，选择止裂槽的类型为"折弯止裂槽"，并选中"单独定义每侧"复选框。

定义侧 1 止裂槽，选中"侧 1"单选按钮，在"类型"下拉列表中选择"长圆形"选项，止裂槽的尺寸采用默认值。

定义侧 2 止裂槽，选中"侧 2"单选按钮，在"类型"下拉列表中选择"矩形"选项，止裂槽的深度及宽度尺寸也采用默认值。

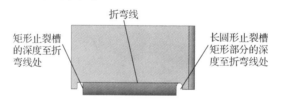

折弯线

矩形止裂槽的深度至折弯线处

长圆形止裂槽矩形部分的深度至折弯线处

图 7.2.47　止裂槽的深度说明

步骤 9 在"凸缘"选项卡中单击"预览"按钮，预览所创建的钣金壁特征，确认无误后，单击"完成"按钮，完成法兰钣金壁及止裂槽的创建。

7.3

钣金的折弯

1. 钣金折弯的类型

钣金折弯是将钣金的平面区域弯曲某个角度或弯成圆弧形状，在进行钣金的折弯工作时，应注意折弯特征仅能在钣金的平面区域建立，不能跨越另一个折弯特征。图 7.3.1 是一个典型的钣金特征。

钣金折弯特征包括以下 3 个要素。

1）折弯线：确定折弯位置和折弯形状的几何线。

2）折弯角度：控制折弯的弯曲程度。

3）折弯半径：折弯处的内径或是外侧半径。

在图 7.3.2 所示的下拉列表中，可以选择折弯类型。

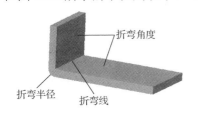

图 7.3.1 钣金的折弯

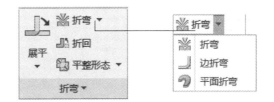

图 7.3.2 "折弯"下拉列表

2．钣金折弯命令

单击"模型"选项卡"折弯"选项组中的"折弯"按钮，即可进入钣金折弯环境，此时功能区出现如图 7.3.3 所示的"折弯"选项卡。

图 7.3.3 "折弯"选项卡

3．角度折弯

角度类型折弯的一般创建过程如下：

01 选取草绘平面及参考平面后，绘制折弯线。

02 指定折弯侧及固定侧。

03 指定折弯角度。

04 指定折弯半径。

下面将以图 7.3.4 所示的钣金的折弯制作过程为例，介绍其操作方法。

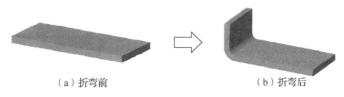

（a）折弯前   （b）折弯后

图 7.3.4 钣金的折弯过程

步骤1　新建一个钣金件文件。进入钣金设计环境，采用创建平面钣金壁的方法创建主钣金壁，主钣金壁草绘轮廓如图 7.3.5 所示。主钣金壁厚度定义为 5mm，完成之后单击"完成"按钮退出平面钣金壁的创建。

步骤2　绘制折弯线。单击"折弯线"界面中的"草绘"按钮，打开"草绘"对话框。选择主钣金壁的上表面为草绘平面，单击"草绘"按钮进入草绘环境，然后按照如图 7.3.6 所示的尺寸进行折弯线的绘制。绘制折弯线时，必须注意，使折弯线的两端与钣金边线重合，完成后单击"草绘"选项上"关闭"选项组中的"确定"按钮退出草绘环境。

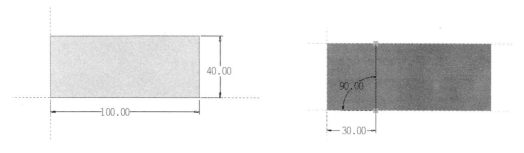

图 7.3.5　主钣金壁草绘轮廓　　　　　图 7.3.6　折弯线尺寸

步骤3　单击"模型"选项卡"折弯"选项组中的"折弯"按钮，功能区出现如图 7.3.7 所示的"折弯"选项卡。单击"放置"按钮，然后根据系统提示，选择绘制的折弯线。

图 7.3.7　"折弯"选项卡

步骤4　在"折弯"选项卡中单击 ⬩ 按钮，此时折弯角度文本框被激活，可以进行折弯角度值的设定，此处设置折弯角度为 90°，折弯半径选择"厚度"选项，即折弯半径与钣金壁厚度相同。

步骤5　定义折弯方向和固定侧，通过单击方向指示箭头，调整折弯方向和固定侧的方向，如图 7.3.8 所示。

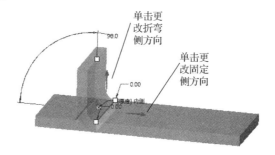

图 7.3.8　定义折弯侧和折弯方向

步骤 6　单击"止裂槽"按钮，在弹出的"止裂槽"界面中的"类型"下拉列表中选择"无止裂槽"选项。

步骤 7 单击"折弯"选项卡中的"预览"按钮，预览所创建的折弯特征，确认无误之后，单击"完成"按钮，完成折弯特征的创建。

钣 金 实 例

本实例讲述的是一个钣金挂件的制作过程，第一钣金壁通过平面钣金壁的创建方法创建，附加钣金壁采用平整命令进行创建。零件模型及模型树如图 7.4.1 所示。

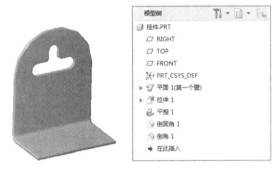

图 7.4.1 零件模型及模型树

本实例详细的设计过程如下：

步骤 1 新建钣金件文件。

01 启动 Creo 4.0，在快速访问工具栏中单击"新建"按钮，或者选择"文件"→"新建"选项，打开"新建"对话框。

02 在左侧"类型"选项组中选中"零件"单选按钮，在右侧"子类型"选项组中选中"钣金件"单选按钮，在"名称"文本框中输入文件名为"gua_gou"，取消选中"使用默认模板"复选框。然后，单击"确定"按钮，打开"新文件选项"对话框，如图 7.4.2 所示。

图 7.4.2 新建钣金文件

03 在"模板"下拉列表中选择国标模板 mmns_part_sheetmetal，单击"确定"按钮即可。

步骤 2 创建平面壁作为第一钣金壁。

01 在"模型"选项卡"形状"选项组中单击"平面"按钮，功能区出现"平面"选项卡。

02 在"平面"选项卡中打开"参考"界面，单击"定义"按钮，在打开的"草绘"对话框中选择 FRONT 基准平面定义草绘平面，如图 7.4.3 所示。然后单击"草绘"按钮，进入草绘环境。

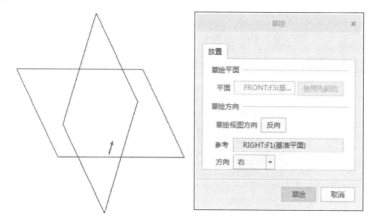

图 7.4.3 设定草绘平面

03 绘制如图 7.4.4 所示的平面草图，单击"草绘"选项卡"关闭"选项组中的"确定"按钮，退出草绘环境。

04 定义平面属性，在"平面"选项卡的厚度壁文本框中输入厚度值为 2。

05 在"平面"选项卡中单击"完成"按钮，完成钣金壁的创建。将创建的该平面壁作为钣金件的第一壁，如图 7.4.5 所示。

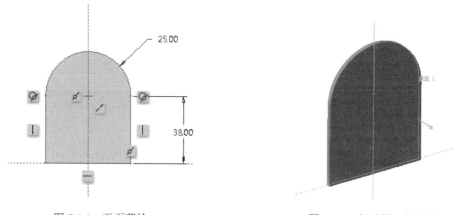

图 7.4.4 平面草绘   图 7.4.5 创建第一钣金壁

06 在"拉伸"选项卡中打开"放置"界面，单击该面板中的"定义"按钮，打开"草绘"对话框。

07 在"草绘"对话框中单击"使用先前的"按钮，进入草绘环境。

08 绘制如图 7.4.6 所示的平面草图，单击"草绘"选项卡"关闭"选项组中的"确定"按钮，退出草绘环境。

09 在"拉伸"选项卡中单击"完成"按钮，得到的钣金件初步模型如图 7.4.7 所示。

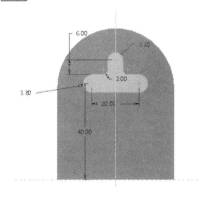

图 7.4.6 拉伸草绘平面

图 7.4.7 创建挂钩孔

步骤 3 创建连接平整壁。

01 在"模型"选项卡"形状"选项组中单击"平整"按钮，功能区出现"平整"选项卡。

02 选择主钣金壁的一条边作为附加钣金壁的附着边，如图 7.4.8 所示，系统默认的薄壁形状为矩形，折弯角度默认为 90°。

03 在"平整"选项卡中，折弯半径按钮默认处于被选中的状态，在该按钮右侧的下拉列表框中默认选择"[厚度]"选项，半径标注位置选项为标注内侧。

04 在"平整"选项卡中打开"形状"界面，设置图 7.4.9 所示的形状尺寸，设置附加钣金壁的尺寸为 30。

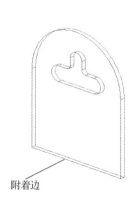

附着边

图 7.4.8 选择附着边

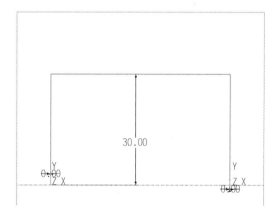

图 7.4.9 设置形状尺寸

05 在"平整"选项卡中单击"完成"按钮，创建的连接平整附加壁如图 7.4.10 所示。

步骤 4 修饰钣金壁。

01 对钣金件所有边线进行倒圆角处理，在"模型"选项卡"工程"选项组中单击"工程"下拉按钮，在弹出的下拉列表中选择"倒圆角"选项，按住 Ctrl 键，依次选择钣金件的所有边缘边线，在系统默认的情况下，在圆角半径文本框输入 0.5。

02 对挂钩钣金孔边线进行边倒角处理，在"模型"选项卡"工程"选项组中单击"工程"下拉按钮，在弹出的下拉列表中选择"倒角"→"边倒角"选项，按住 Ctrl 键，依次选择挂钩孔的所有内边线，在系统默认的情况下，在边倒角半径文本框中输入 0.2。

修饰之后的最终钣金壁如图 7.4.11 所示。到此，对挂钩钣金的设计工作全部完成。

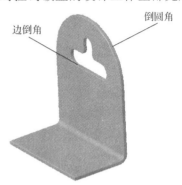

图 7.4.10　钣金件初步形状　　　　　　图 7.4.11　边角处理

参 考 文 献

白柳，郭松，2008．Pro/ENGINEER 实例教程[M]．北京：北京理工大学出版社．

鲍泽富，2016．画法几何与工程制图习题集[M]．北京：科学出版社．

付本国，张忠林，周家庆，等，2006．UG NX 4.0 三维造型设计应用范例[M]．北京：清华大学出版社．

龙海，2015．Creo Parametric 3.0 中文版新手从入门到精通[M]．北京：机械工业出版社．

濮良贵，陈国定，吴立言，2013．机械设计[M]．9 版．北京：高等教育出版社．

宋成芳，2010．SolidWorks 基础与实例应用[M]．北京：清华大学出版社．

杨晓琦，等，2008．UG NX 5.0 中文版机械设计从入门到精通[M]．北京：机械工业出版社．

詹友刚，2014．Creo 3.0 机械设计教程[M]．北京：机械工业出版社．

张选民，徐超辉，2012．Pro/ENGINEER Wildfire 5.0 实例教程[M]．北京：北京大学出版社．

钟建琳，2001．PRO/ENGINEER2000i 零件造型实用教程[M]．北京：机械工业出版社．

Vanebook，冯文娟，2013．Creo 2.0 中文版从入门到精通[M]．北京：中国铁道出版社．